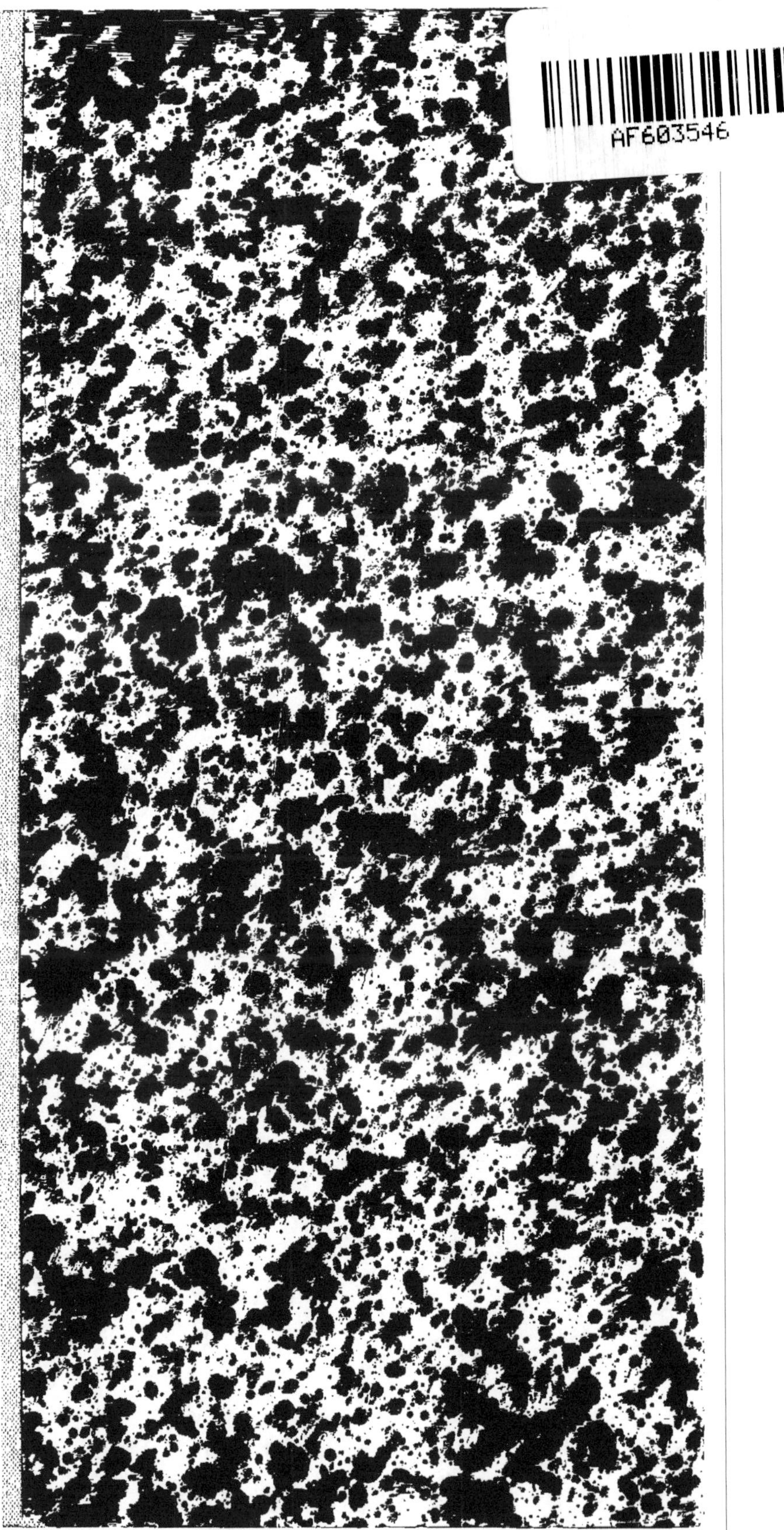

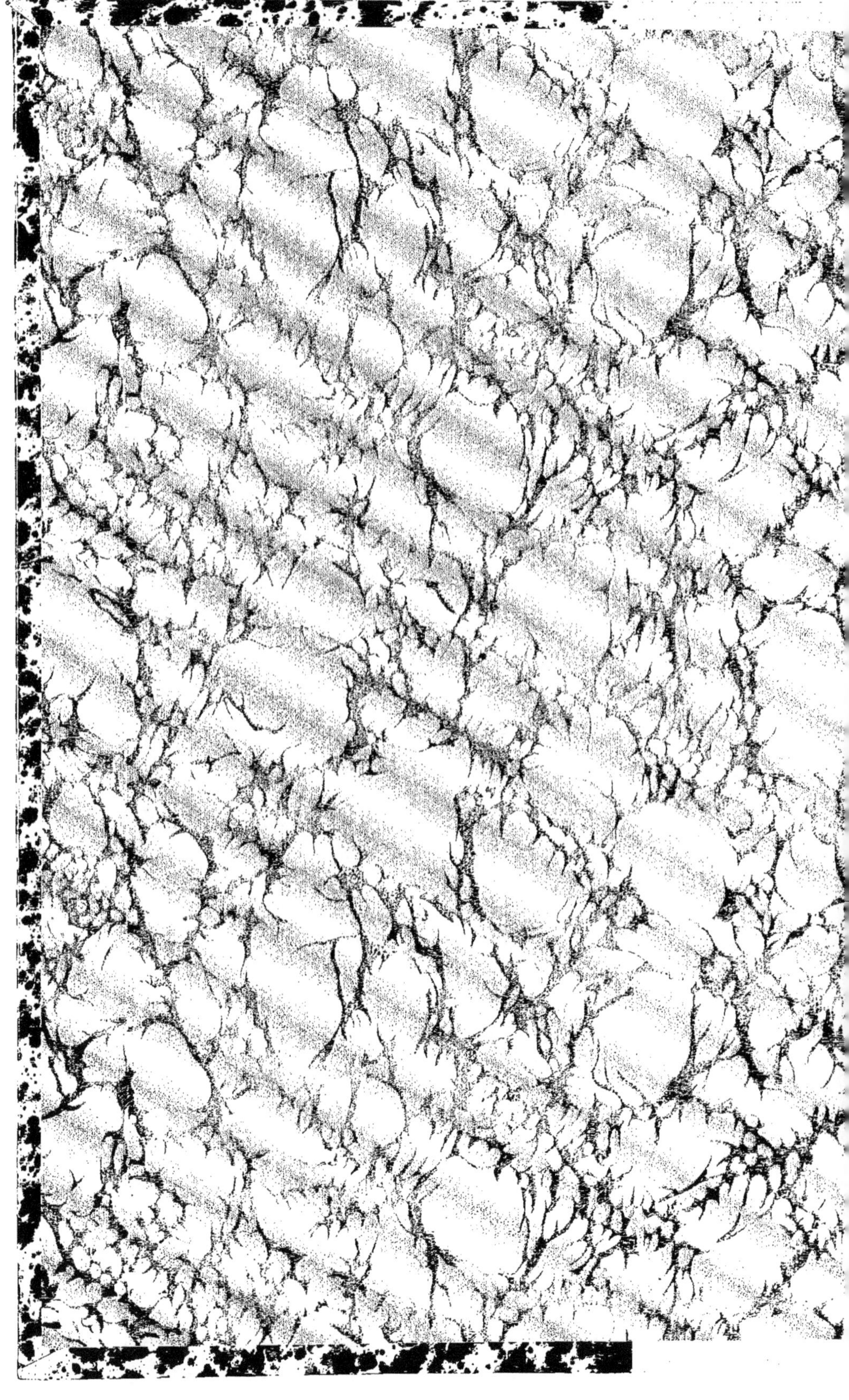

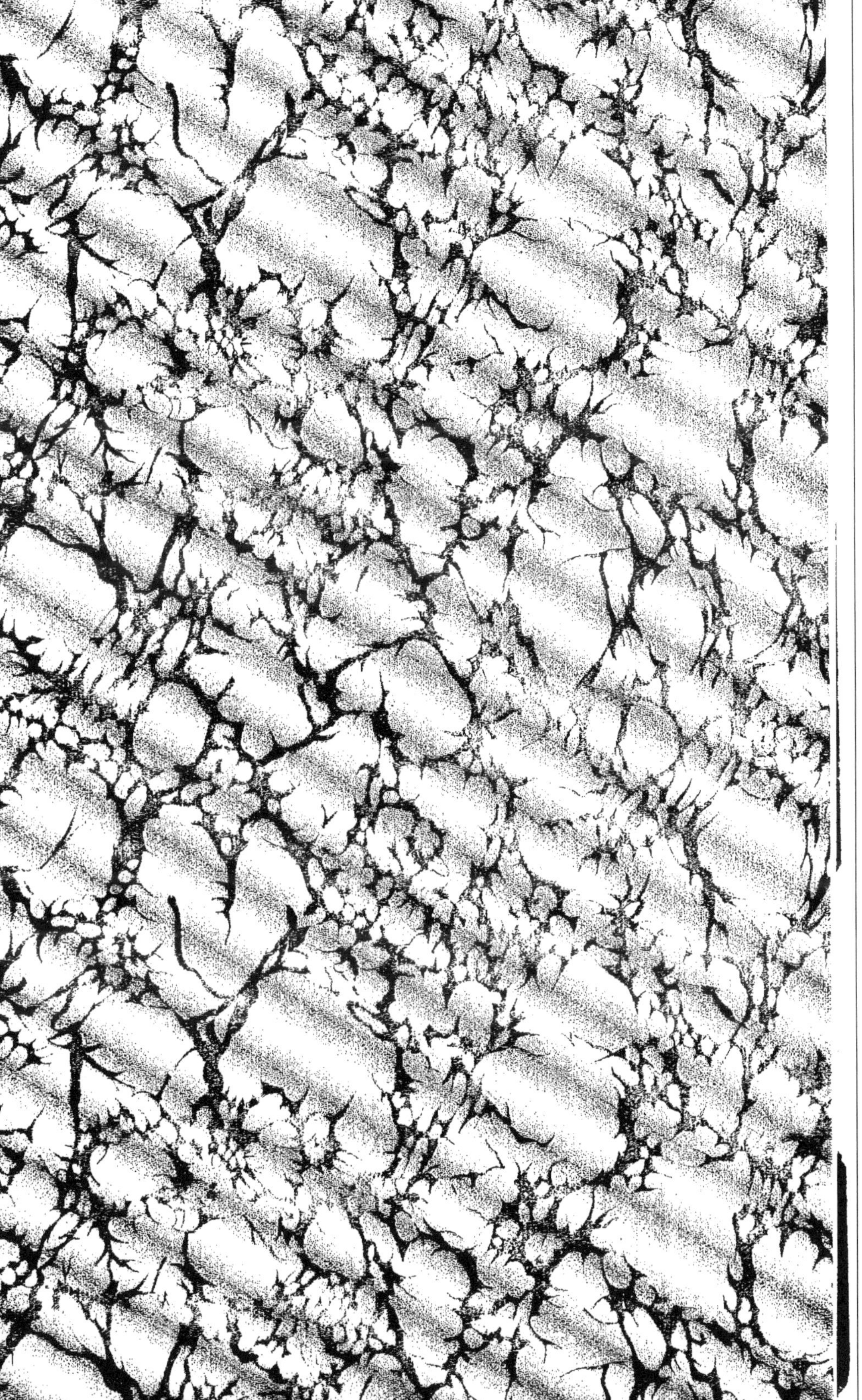

E. MARTINET.

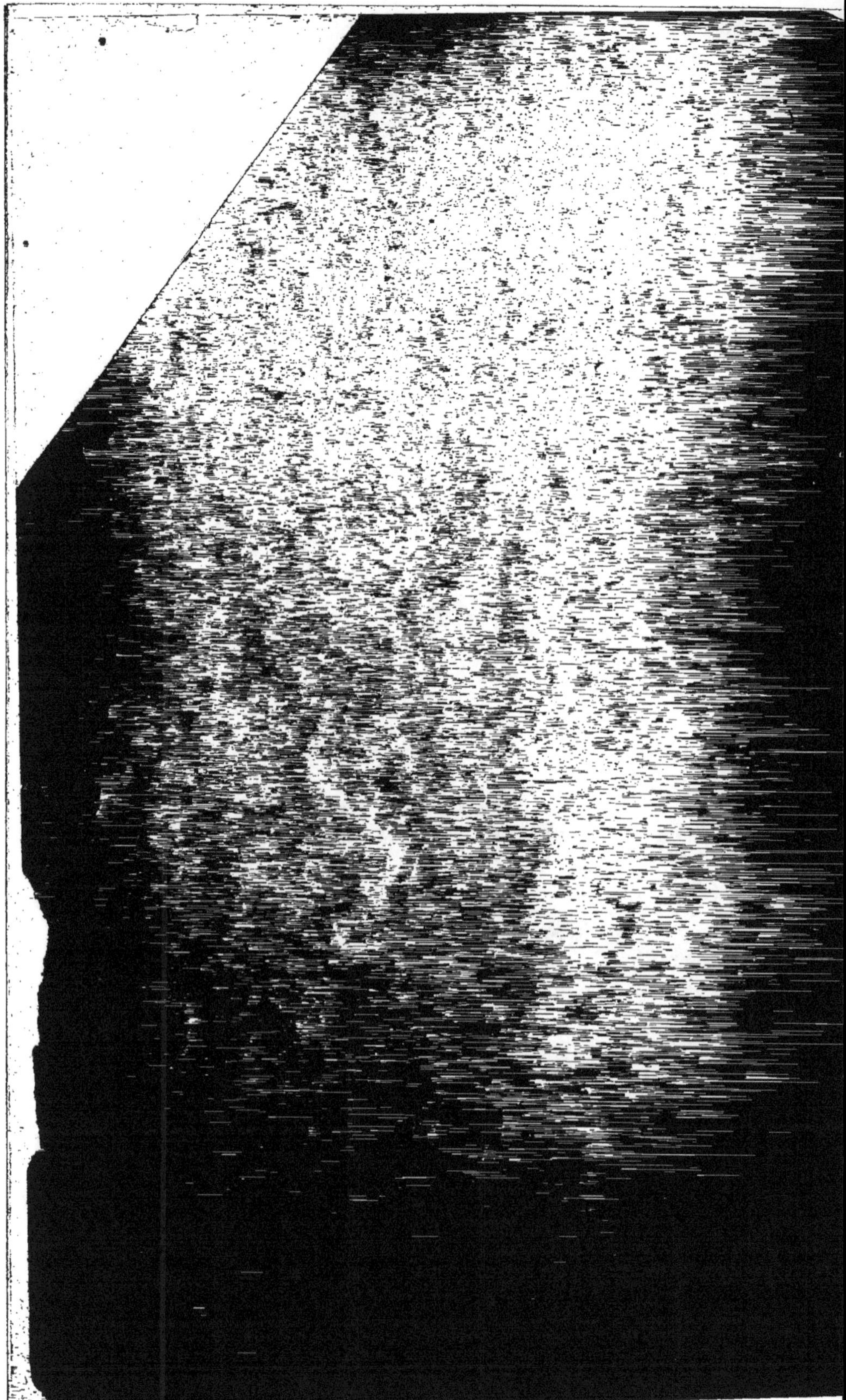

LES

DIATOMÉES D'AUVERGNE

LES

DIATOMÉES

D'AUVERGNE

PAR

Le Frère HÉRIBAUD JOSEPH

PROFESSEUR AU PENSIONNAT DE CLERMONT-FERRAND
MEMBRE HONORAIRE DE LA SOCIÉTÉ BOTANIQUE DE FRANCE
DE L'ACADÉMIE INTERNATIONALE DE GÉOGRAPHIE BOTANIQUE
DE LA SOCIÉTÉ FRANÇAISE DE BOTANIQUE
DE LA SOCIÉTÉ POUR L'ÉTUDE DE LA FLORE FRANÇAISE, ETC.

DIEU est grand dans les grandes choses, et il est infini dans les plus petites, comme dans celles qui semblent n'être pas.

LINNÉ.

AVEC 6 PLANCHES

DESSINÉES PAR MM. J. BRUN ET M. PERAGALLO
ET REPRODUITES EN PHOTOTYPIE PAR LA MAISON THÉVOZ ET Cie, DE GENÈVE

PRIX : 12 FRANCS

CLERMONT-FERRAND
PENSIONNAT
DES FRÈRES DES ÉCOLES CHRÉTIENNES
Rue Godefroy-de-Bouillon

PARIS
LIBRAIRIE DES SCIENCES NATURELLES
PAUL KLINCKSIECK
52, Rue des Ecoles, 52

1893

INTRODUCTION

Les *Diatomées d'Auvergne* ont été l'objet déjà de quelques publications partielles.

En 1855, le professeur William Smith nous donna la liste des espèces qu'il avait récoltées au puy de Dôme et au Mont-Dore (*Bull. de la Soc. bot. de Fr.*, t. II, p. 64). Cette première contribution à notre Flore diatomique a une importance considérable, en raison de l'autorité de son auteur.

Nos dépôts fossiles de Ceyssat, de Randanne, des Rouilhas et de Saint-Saturnin, furent étudiés, en 1878, par MM. Paul Petit et le docteur Leuduger-Fortmorel; le résultat de leurs recherches a été publié dans le second volume du *Journal de Micrographie*.

Dans les *Mémoires de l'Académie de Clermont-Ferrand* (séance du 7 mars 1878), on trouve une Notice intéressante de M. Michel Cohendy, concernant les gisements de l'Ardèche et de l'Auvergne. A côté de détails très précis sur la distribution géographique et la nature de ces dépôts, l'auteur donne la série des Diatomées de celui de

Ceyssat, d'après l'analyse du professeur Ehrenberg. Malgré quelques erreurs de détermination et de synonymie, l'étude du diatomiste allemand constitue un document précieux pour l'histoire de nos Diatomées fossiles.

M. Roujou, docteur ès-sciences et ancien chargé de cours à la Faculté de Clermont, nous donna aussi, dans cette même séance du 7 mars 1878, une liste des Diatomées du gisement de Ceyssat; il est regrettable que l'auteur n'ait pas cru devoir apporter plus de précision dans les déterminations des espèces de ce dépôt, déjà connu.

Je signalerai enfin les Diatomées des eaux minérales de la Bourboule, par M. P. Petit. La liste dressée par le diatomiste parisien a été donnée dans le rapport du docteur Danjoy *(Ann. Soc. d'Hydrol. méd.,* 1885).

Ces quelques études éparses constituent, du moins à ma connaissance, tous les travaux consacrés à la Flore diatomique de notre belle Auvergne.

Le nombre des espèces ou variétés relevées dans l'ensemble de ces publications s'élève à 122, dont 86 espèces fossiles et 36 espèces récoltées à l'état vivant.

Les Diatomées nomenclaturées dans le présent ouvrage atteignent à peu près le nombre de 700 espèces ou variétés, dont une centaine environ sont nouvelles pour la Flore universelle.

Grouper les faits acquis depuis la Note du professeur W. Smith jusqu'à celle de M. P. Petit, faire connaître le résultat des récoltes de Max. Roux, et celui de mes recherches personnelles, tel est l'objet de ce travail.

Une partie des matériaux utilisés provient de Max. Roux ; notre regretté compatriote avait surtout exploré la Limagne, un certain nombre de sources minérales et quelques points des monts Dores.

Il me restait donc à compléter les recherches dans le groupe montdorien et à me procurer les espèces des montagnes du Forez et celles du département du Cantal. Une série d'excursions que j'ai faites dans ces diverses régions pour explorer les lacs, les cascades, les tourbières et les cours d'eau, m'a fourni des éléments d'étude considérables; de plus, les plantes aquatiques Phanérogames, les Muscinées et les Algues de mon herbier d'Auvergne ont apporté de nouveaux contingents provenant des principaux points des deux départements.

A l'étude des Diatomées vivantes, j'ai dû ajouter celle des espèces fossiles, très nombreuses chez nous, et dont Max. Roux ne s'était pas encore occupé.

Enfin, j'ai reçu de divers correspondants un bon nombre de récoltes intéressantes, soit parce qu'elles contenaient des espèces rares, soit parce qu'elles m'ont permis de signaler des localités que je n'avais pu visiter.

Que mes collaborateurs veuillent bien trouver ici l'assurance cordiale de ma gratitude.

Je remercie, en particulier, M. l'abbé Régis Crégut, auteur d'une savante étude sur l'emplacement d'*Avitacum*, célèbre villa de Sidoine Apollinaire, pour avoir eu l'obligeance de me procurer les dépôts du Creux Mortier, de Verneuge, de la Cassière, etc.; et pour m'avoir fourni des renseignements topographiques très précis sur plusieurs autres gisements.

Je dois aussi un témoignage de bon souvenir à MM. Biélawski et Gonod d'Artemare, mes deux intrépides compagnons d'excursion dans la région des lacs et des tourbières des hauts plateaux.

Le savant diatomiste, J. Brun, professeur de Microscopie à la Faculté de Genève; MM. H. et M. Peragallo, anciens élèves de l'Ecole polytechnique, et M. J. Tempère, directeur du journal *Le Diatomiste*, ont acquis un droit spécial à ma gratitude, pour m'avoir prêté, avec le plus aimable empressement, le concours de leur profond savoir dans l'étude laborieuse des matériaux nombreux que j'avais à examiner.

Je ne saurais omettre d'exprimer ici ma reconnaissance à M. le docteur Paul Girod, professeur de Botanique à la Faculté des sciences de Clermont, pour l'intérêt tout particulier qu'il a bien voulu porter à la publication de ce travail.

Merci à MM. Paul Gautier et Ch. Bruyant, licenciés ès-sciences naturelles, pour la récolte pélagique du Creux de Soucy qu'ils ont eu l'amabilité de me communiquer, et aussi pour les dépôts, non moins précieux, provenant de sondages faits au lac Pavin et au lac d'Aydat.

C'est grâce au matériel d'exploration fourni par la *Station d'Histoire naturelle de Besse*, dont la création est due à l'initiative de M. le professeur P. Girod et à M. Berthoule, que MM. P. Gautier et Ch. Bruyant ont pu entreprendre leurs recherches intéressantes.

Ainsi que le fait observer M. Ch. Bruyant, dans son rapport sur l'exploration du Creux de Soucy, jusqu'à ce jour les recherches étaient difficiles. Le naturaliste obligé d'emporter avec lui un matériel embarrassant et pourtant incomplet, arrêté dans ses excursions, perdait malgré tout la plus belle part de ses trouvailles. L'installation d'une

Station d'Histoire naturelle à Besse, en plein massif mont-dorien, en pleine région lacustre, est pour les explorateurs un centre habilement choisi. Les récoltes peuvent maintenant être étudiées de frais ou préparées dans les meilleures conditions.

Aussi, cette installation première qui deviendra, nous l'espérons, un laboratoire complet et définitif, assure à M. le professeur P. Girod et à M. Berthoule la reconnaissance des naturalistes ; déjà elle a affirmé son importance et son opportunité : le Creux de Soucy et le lac Pavin, jusque-là incomplètement fouillés, ont pu être explorés à fond, grâce à la proximité des éléments de recherche.

Les déterminations de nos Diatomées ont été faites avec les meilleurs objectifs modernes, et à l'aide des belles figures de l'Atlas de M. Ad. Schmidt et de celles du *Synopsis* de Van Heurck.

De nombreuses préparations de MM. J. Brun, Moller, Peragallo, P. Petit, Tempère, etc., m'ont permis de comparer les espèces d'Auvergne avec les types de ces diatomistes.

Malgré les nombreuses excursions que j'ai faites sur les principaux points de nos deux départements, je n'ai point la prétention d'avoir tout trouvé. Dans quelques-unes des 500 récoltes étudiées, notamment dans celles qui proviennent des sources minérales, j'ai dû négliger plusieurs petites formes à striation peu marquée, que je n'ai pu réussir à déterminer encore complètement. Il faudrait, pour les étudier, les monter dans un médium à très haut indice de réfraction. Mes loisirs, trop rares, ne me permettant pas de m'occuper de ces manipulations minutieuses, je tiens ces formes intéressantes à la disposition des diatomistes désireux de pousser à bout l'examen.

Les jeunes diatomistes de l'Auvergne qui marcheront dans la voie que j'ai essayé de leur frayer, n'ont pas à craindre de voir l'attrait du nouveau manquer à leurs recherches ; ainsi que l'a dit le savant abbé Boulay, les œuvres divines, à l'encontre de celles de l'homme qui n'entame que la surface, ont en profondeur des ressources indéfinies ; il suffit d'appliquer à un point du domaine scientifique, souvent minime à première vue, la part d'intelligence que nous avons reçue du Créateur pour entrevoir des merveilles encore inexplorées.

Avant de dresser l'inventaire de nos Diatomées, il me paraît utile de résumer, dans les pages suivantes, quelques généralités sur ces plantes microscopiques, d'après les travaux les plus récents.

NOTIONS SOMMAIRES SUR LES DIATOMÉES

De l'étude des Diatomées. — Le professeur J.-E. Smith, dans un discours prononcé devant la Société de Microscopie de Dunkirk s'exprimait ainsi :

« On parle souvent des diatomistes presque avec mépris; trop souvent les biologistes les regardent comme une classe d'observateurs qui n'emploient guère le microscope que pour s'amuser. Et ce fait, que les diatomistes ne sont pas encore d'accord sur la structure de quelques-uns de leurs frustules favoris, est souvent aussi un argument invoqué pour montrer la folie de cette étude des Diatomées. Ce sont là de purs sophismes. L'étude des Diatomées est aussi raisonnable que celle de n'importe quelle branche des sciences biologiques, et les travaux des diatomistes n'ont pas été inutiles; c'est à eux, à leurs continuelles demandes aux opticiens, que nous devons les merveilleux perfectionnements réalisés sur les objectifs; et j'ose affirmer qu'un diatomiste peut dire sur la structure d'une Diatomée des choses aussi intéressantes qu'un pathologiste habile sur la structure d'un globule du sang.

» Mais l'étudiant, celui qui se prépare à des recherches nouvelles, ne doit pas négliger l'étude des Diatomées, car aucun exercice pratique n'a encore été découvert pour apprendre à l'étudiant l'usage et le maniement de ses instruments, qui soit comparable aux difficultés supérieures qu'offrent ces organismes minuscules. On a dit que l'adversité nous éprouve et montre nos belles qualités. Ces petites Algues davantage encore éprouvent le prétendu manipulateur, et, comme le juge, font voir ses pires défauts. » *(Journal de Micrographie*, t. II, p. 197.)

A ce plaidoyer, M. H. Peragallo ajoute :

« Si l'étude des carapaces des Diatomées est difficile, celle de leur histoire biologique l'est bien plus encore. On n'a que des données très incomplètes sur la reproduction de ces organismes, et cette étude, poursuivie sur ces infiniment petits et exigeant l'emploi des méthodes et procédés micrographiques les plus délicats, présente les plus sérieuses difficultés. Aussi ceux qui raillent les chercheurs travaillant sur cette voie, me rappellent un peu le renard du fabuliste.

» Il est vrai que la collection des Diatomées a un grand charme pour celui qui ne fait du microscope qu'un sujet de distraction ; appelons-le par son nom, pour l'amateur micrographe. Mais c'est encore, à mon avis, une des choses qui devraient le plus contribuer à encourager l'étude des Diatomées, car tout travail scientifique sérieusement fait peut produire des résultats et doit être encouragé.

» Toute personne qui consacre à l'étude des infiniment petits de la nature les loisirs que lui laissent les occupations de sa vie ordinaire, sera forcément captivée par les Diatomées. On les trouve partout, elles présentent des détails de structure surprenants, les collections qu'on peut en faire sont peu encombrantes, ont une forme et un aspect élégants, et sont presque inaltérables.

» La préparation et l'examen des Diatomées soulèvent une foule de petits problèmes que l'on a plaisir à résoudre. Enfin, les échanges de collection à collection sont faciles. Toutes ces conditions, qui sont loin de se rencontrer dans les autres branches de l'histoire naturelle, détermineront encore bien des personnes à collectionner des Diatomées. »

« Il y a près de quarante ans, nous dit le savant Deby, que je m'occupe pendant mes loisirs, hélas ! trop peu nombreux, de l'étude des Diatomées. J'y ai trouvé, pendant cette longue partie de mon existence, un délassement bienfaisant, une récréation saine et de bon aloi, un plaisir continu, qui m'ont maintes fois fait oublier momentanément les petites et les grandes misères de la vie. »

« .... Les Diatomées, cette joie et ce désespoir des micrographes, les Diatomées, ces pierres de touche de nos objectifs, pour l'examen desquelles ont été construits les plus parfaits, les plus admirables et les plus coûteux de tous les instruments; les Diatomées enfin, qui ont fait faire à l'art si difficile de la construction des objectifs plus de progrès que tous les êtres réunis de la création (Dr PELLETAN). »

Ce que c'est qu'une Diatomée. — Les Diatomées sont des Algues microscopiques, unicellulaires, toujours aquatiques, tantôt isolées et solitaires *(Navicula, Surirella, Pleurosigma)*, tantôt adhérentes ou accolées les unes aux autres, formant, par leur ensemble, soit un long ruban *(Nitzschia, Fragilaria, Tabellaria)*, soit une membrane tubulaire, dans laquelle les individus sont librement alignés *(Melosira, Cymbella)*.

En 1842, le professeur Ehrenberg avait classé les Diatomées dans le règne animal, à cause des mouvements dont elles sont douées ; mais les nombreux travaux publiés depuis les placent sans contestation parmi les Algues conjuguées, où elles forment un groupe bien défini.

Ces petites Algues sont caractérisées par la présence constante d'une membrane de cellulose fortement imprégnée de silice, pouvant résister à la calcination et à l'action des acides les plus énergiques.

Une Diatomée adulte et vivante comprend : 1° une membrane externe nommée *coléoderme* ou *thalle;* 2° une enveloppe protectrice bivalve appelée *carapace siliceuse;* 3° une *cellule membraneuse* occupant l'intérieur de la carapace.

Chaque individu, ainsi constitué, a reçu le nom de *frustule;* cette dénomination s'applique aussi à la carapace seule, alors qu'elle est débarrassée du coléoderme et de la cellule membraneuse, telle qu'on la trouve à l'état fossile.

Examinons brièvement les trois parties constitutives d'une Diatomée.

Le coléoderme. — Le coléoderme ou thalle est une matière morte, inerte, sécrétée par l'organisme lui-même; il forme un enduit muqueux, permettant aux Diatomées d'adhérer les unes aux autres ou de se fixer aux plantes aquatiques, aux rochers humides, ou à tout autre corps immergé ou flottant. Dans les jeunes frustules, le coléoderme est généralement bien apparent; mais au fur et à mesure que la Diatomée acquiert sa forme normale, il se distend, se désagrège et se trouve bientôt réduit à l'état d'une simple pellicule peu visible.

C'est le coléoderme qui forme les pédicelles et les coussinets servant de support à beaucoup de Diatomées, comme les *Gomphonema*, les *Rhoicosphenia*, etc.; il constitue aussi la membrane tubulaire des *Melosira*, des *Cymbella*, etc., ainsi que les rubans des *Fragilaria* et des *Tabellaria;* c'est encore par son intermédiaire que les deux valves du frustule sont maintenues en contact.

Le coléoderme contient toujours une faible quantité de silice empruntée au milieu ambiant; d'après le professeur J. Brun, ce serait même aux dépens de cette enveloppe externe que les valves se formeraient en prenant à l'eau sa silice.

Dans les Diatomées vivantes, le coléoderme masque toujours plus ou moins les détails du frustule, c'est pourquoi, dans la détermination des espèces, il est souvent nécessaire de le détruire afin de pouvoir utiliser les caractères tirés de la surface de la carapace.

Enfin, c'est dans une couche amorphe du coléoderme que s'opère le développement des jeunes frustules. Il peut même arriver que le pédicelle des *Gomphonema* produise une large expansion hyaline, aux bords de laquelle se développent des filaments qui portent les jeunes frustules.

La *carapace siliceuse.* — La carapace, ou enveloppe siliceuse des Diatomées, se compose de deux parties semblables nommées *valves.*

Les valves sont légèrement convexes en dehors et concaves en dedans; elles entourent la cellule membraneuse.

Les bords des deux valves, en se prolongeant, s'emboîtent l'un dans l'autre comme le couvercle et la base d'une boîte en carton.

On appelle *faces valvaires* les deux côtés du frustule qui ne se déboîtent pas ; les faces valvaires correspondent à la surface supérieure du couvercle (face valvaire supérieure) et à la surface inférieure de la petite boîte (face valvaire inférieure).

Les faces latérales, formées par les prolongements superposés des bords de chaque valve, ont reçu le nom de *face connective* ou simplement *connectif.* C'est suivant la face connective que s'opère le dédoublement de la Diatomée par scissiparité, ainsi qu'on le verra plus loin; cette partie de la carapace est moins épaisse que les valves, de plus, elle est toujours lisse, c'est-à-dire dépourvue de stries et de ciselures. D'après les observations de l'ingénieur Deby, l'adhérence de la valve inférieure avec son anneau est plus forte que celle de l'anneau supérieur avec sa valve; mais, en général, l'adhérence n'est pas assez intime pour résister à l'action des acides énergiques bouillants; c'est ce qui explique pourquoi après le traitement des récoltes par l'acide azotique, et surtout par l'acide sulfurique, on trouve toujours des débris de connectifs détachés des valves. Dans quelques Diatomées, en particulier chez les *Pleurosigma*, l'adhérence des connectifs avec leur valve respective est même très faible.

En raison de leur nature siliceuse, les carapaces des Diatomées peuvent résister indéfiniment à la putréfaction, et se conserver intactes dans les couches géologiques. La carapace ne résiste pas seulement à l'action dissolvante des agents atmosphériques, mais encore à la chaleur rouge sombre; au rouge blanc elle se ramollit en donnant une masse d'un aspect vitreux.

Striation des faces valvaires. — Les valves présentent toutes les figures imaginables; cependant elles sont généralement régulières, et souvent admirablement symétriques, ornées de dessins et de fines ciselures d'une élégance parfaite; ces dessins se présentent sous forme de stries, aréolations, côtes ou perles. Il n'est pas possible de trouver dans la nature, des incrustations plus merveilleusement organisées que l'enveloppe siliceuse des Diatomées; aussi leur étude est-elle des plus attrayantes et pleine de charmes.

Les stries sont des lignes plus ou moins visibles sur la surface extérieure des valves; mais on ne les distingue bien qu'après la destruction du coléoderme et du contenu de la cellule membraneuse.

Ce n'est qu'avec le secours des fortes lentilles apochromatiques à immersion homogène, que l'on peut contempler toute la finesse et la délicatesse des dessins qui ornent ces valves diaphanes, véritables joyaux de la Création.

Examinées aux plus forts grossissements, les stries se résolvent en une série d'ondulations ou en petites perles sphériques, dont la confluence constitue les stries. On ignore encore si ces perles sont elles-mêmes en creux ou en relief. D'après le professeur Abbe, qui s'est beaucoup occupé de ces recherches délicates, toute induction sur la nature réelle de détails microscopiques aussi petits est toute gratuite et purement illusoire.

Les stries sont toujours moins nettes dans les frustules jeunes que dans les frustules adultes.

Schumann et le professeur J. Brun, ont constaté que, pour une même espèce, l'altitude augmente le nombre des stries et diminue leur intensité. J'ai vérifié le même fait pour quelques Naviculées d'Auvergne; il en résulte que les caractères spécifiques empruntés à la striation ne sont pas d'une rigueur absolue, à moins que la région, dont on étudie la flore diatomique, ne présente pas des différences d'altitudes considérables; mais, pour une contrée telle que l'Auvergne, il est nécessaire de tenir compte de cette donnée.

Le degré d'éclairement ne peut-il pas aussi modifier sensiblement la striation? Par exemple, la striation d'une espèce vivant sur les bords ensoleillés d'un lac, reste-t-elle identique à celle de la même espèce se développant à une profondeur considérable, où la lumière n'arrive que très affaiblie? N'ayant pas suffisamment de faits à l'appui pour résoudre cette question intéressante, je me borne à la signaler à l'attention des diatomistes. Les *Isoetes*; presque toujours couverts de Diatomées, et qui croissent abondamment depuis le bord de nos lacs jusqu'à de grandes profondeurs, pourront aider à élucider le fait que je mentionne.

On a donné le nom de *nœud* ou *nodule* à une bosselure lisse et arrondie, située au centre de chaque face valvaire; souvent il en existe aussi aux deux extrémités. Le nœud est bien apparent dans les *Navicula*, les *Pleurosigma*, les *Cocconeis*, etc.; il est entouré d'un espace lisse nommé *area* ou *stauros*. L'area forme une espèce d'auréole transparente, et se prolonge, sous forme de zone linéaire lisse, jusqu'aux deux extrémités de la face valvaire. Cette ligne médiane, longeant chaque valve et s'interrompant au nœud central, s'appelle *raphé*. Le raphé est plus ou moins apparent, et varie beaucoup dans ses dimensions.

La cellule membraneuse. — La cellule membraneuse remplit exactement la cavité de la carapace qui lui sert d'enveloppe protectrice; elle renferme : 1° une substance colorée, nommée *endochrôme*, analogue à la chlorophylle des plantes vertes; 2° une masse protoplasmique entourant un *noyau;* 3° des *globules* de nature huileuse, qui doivent jouer probablement le rôle de l'amidon des végétaux supérieurs.

L'endochrôme est une matière de consistance visqueuse, translucide et d'une couleur jaune brunâtre. Sous l'influence de la chaleur, de l'alcool ou des acides, cette substance prend une belle teinte verte.

L'endochrôme n'est, en réalité, que de la chlorophylle modifiée; cette modification de la chlorophylle a reçu le nom de *diatomine;* la diatomine, comme la chlorophylle, décompose l'acide carbonique de l'air sous l'influence de la lumière solaire; le carbone est utilisé par la Diatomée et l'oxygène est rejeté.

L'endochrôme contient aussi du fer, qui se retrouve à l'état de peroxyde quand on calcine des Diatomées vivantes.

La putréfaction n'agit que très lentement sur l'endochrôme; ainsi j'ai constaté, sur des Diatomées récoltées depuis plus de vingt ans, que cette substance était encore en bon état de conservation. M. le professeur J. Brun a même vu des Diatomées fossiles, provenant de la Hollande, qui présentaient çà et là des frustules dont l'endochrôme était encore jaune et transparent. Dans le dépôt de l'étang de Saint-Loup, près de Ponteix, j'ai aussi trouvé quelques exemplaires montrant des traces très évidentes de l'endochrôme; mais ce cas exceptionnel n'a lieu que pour les frustules dont les valves sont restées exactement emboîtées.

Dans l'intérieur de la cellule membraneuse, l'endochrôme se présente tantôt sous forme de granulations (endochrôme granuleux), tantôt sous forme de plaques ou lamelles (endochrôme lamelleux). Ces deux états particuliers de l'endochrôme ont servi de base à la classification des Diatomées par M. P. Petit.

Petitesse des Diatomées. — Pour donner une idée de la petitesse extrême de ces miniatures du règne végétal, il suffira de dire que des mensurations récentes, faites par le professeur J. Brun, nous apprennent qu'un millimètre cube pourrait contenir quarante millions d'exemplaires de l'*Achnanthes delicatula* et vingt-sept millions du *Navicula pelliculosa;* il est vrai que ce sont là nos deux plus petites espèces; mais, parmi les plus grandes, on en trouve rarement qui atteignent quarante centièmes de millimètre.

Mouvements des Diatomées. — La plupart des Diatomées libres sont douées d'un mouvement de propulsion souvent très vif, analogue à celui des zoospores et des anthérozoïdes des autres Algues et des Cryptogames en général ; mais, avec cette différence essentielle, que les Diatomées sont dépourvues de cils moteurs, tandis que les zoospores et les anthérozoïdes en sont constamment munis (1).

Le mouvement des Diatomées se produit en ligne droite dans le sens de la longueur du frustule, et, de plus, il y a alternativement avancement et recul. La cause de ce mouvement n'est pas encore bien connue : l'ingénieur Deby l'attribue à un phénomène de capillarité ; le professeur J. Brun, à un courant externe qui s'établit entre le nœud central et l'un des pôles, puis, qui change subitement et passe toujours du nodule central à l'autre pôle. Au total, les opinions à l'égard du mouvement des Diatomées sont très variées, et aucune ne satisfait pleinement l'esprit ; ce point concernant l'histoire générale de ces petites Algues reste encore mal élucidé et demande de nouvelles recherches.

Diatomées vivantes. — Les Diatomées à l'état vivant se rencontrent presque partout où se trouve de l'eau, qu'elle soit limpide ou trouble, stagnante ou courante, chaude ou glacée ; partout l'œil armé du microscope en découvre des quantités innombrables sur les plantes aquatiques, les Mousses et les rochers humides, les alluvions des fleuves, des rivières et des plus petits cours d'eau.

Presque toujours un assez grand nombre d'espèces habitent pêle-mêle le même substratum ; c'est ainsi que, sur un simple rameau de *Myriophyllum spicatum*, pris

(1) Les petits filaments qu'on observe quelquefois à la surface des valves de certains *Nitzschia*, *Synedra*, *Cymbella*, etc., et que plusieurs diatomistes ont pris pour des cils moteurs, ne sont qu'une Algue parasite (*Leptotrix rigidula* Ktz.), ainsi que l'a démontré le professeur J. Brun.

dans le lac d'Aydat, j'ai pu en distinguer vingt-quatre espèces; un seul pied de *Littorella lacustris*, cueilli sur le bord du lac de la Crégut (Cantal), m'en a fourni vingt-six; et sur quelques filaments de Conferve récoltés dans le lac inférieur de la Godivelle, j'en ai observé vingt-huit espèces.

Les corpuscules reproducteurs des Diatomées sont si ténus qu'ils ont échappé jusqu'à présent à l'examen des observateurs, même à l'aide des objectifs à immersion les plus puissants. Ces sporules restent flottants dans l'air, lequel les transporte d'une contrée à l'autre. Sur les montagnes d'Auvergne, comme sur les Alpes et les Pyrénées, ces germes microscopiques peuvent rester sans périr, des semaines et des mois, sur des rochers arides exposés au soleil, ou sur la neige et la glace exposés aux froids les plus rigoureux; mais, dès que les conditions de la germination leur sont favorables, c'est-à-dire un peu d'humidité et quelques rayons de soleil, on les voit se multiplier avec une rapidité prodigieuse; c'est par milliards qu'on peut observer des Diatomées sur des points où peu de jours avant il n'en existait aucune.

Diatomées fossiles. — A l'état fossile, les Diatomées constituent des dépôts nombreux sur la surface du globe; grâce à leur enveloppe siliceuse, le temps lui-même n'a pas de prise sur leur carapace, et celle-ci passe à travers les âges géologiques dans un état parfait de conservation, avec ses valves ornées des sculptures les plus élégantes et les plus variées.

Ces petites Algues jouent un rôle important dans la formation des dépôts sédimentaires qui s'accumulent au fond des mers, des estuaires et des lacs. Ce rôle, les Diatomées l'ont joué aussi dans les temps anciens, depuis le carbonifère inférieur, et l'on rencontre aujourd'hui dans l'écorce terrestre des couches d'une étendue considérable et d'une grande épaisseur, composées en majeure partie de carapaces de Diatomées.

Il est très remarquable de constater que les espèces trouvées dans les cendres du charbon de Saint-Etienne, de Newcastle, etc., telles que : *Gomphonema capitatum, Synedra Ulna* var. *æqualis, Diatoma vulgare,* etc., etc., sont absolument identiques aux individus de ces mêmes espèces vivant actuellement. *Si ces plantes ont traversé les âges géologiques sans subir aucun changement* (M. Van Tieghem), on ne voit pas la part que les adeptes d'une certaine école voudraient accorder à l'action du temps sur l'évolution prétendue de l'espèce végétale ou animale. Il faut bien reconnaître que ce fait incontestable, concernant la stabilité des caractères spécifiques, est loin d'être en faveur des théories transformistes, « échafaudage d'hypothèses appuyées sur d'autres hypothèses, mais complètement dénuées de preuves (Abbé Boulay). »

« Il est hors de doute, a dit avec un rare bon sens le grand naturaliste Schimper, que, dans le monde actuel, nous avons affaire à des *espèces* qui peuvent bien se mouvoir dans un certain cercle dont cependant elles ne sortent pas. Je ne saurais admettre qu'il soit permis aux systématiciens du monde présent de quitter les faits actuels pour se laisser entraîner par les spéculations de la philosophie naturelle. »

La plupart des dépôts d'origine marine appartiennent à l'époque tertiaire : l'un des plus beaux est celui qui forme la côte du Pacifique de l'Amérique du Nord ; il s'étend au moins depuis San-Francisco jusqu'au bas de la Californie. Ce vaste dépôt est une sorte de schiste bitumineux blanchâtre, formant les roches de la côte et les collines avoisinantes ; il est connu sous le nom de *pierre de Monterey,* à cause de la localité où il a été découvert.

Sur les côtes de l'Atlantique, il en existe un autre non moins étendu, appartenant au miocène ; il occupe toutes les côtes, depuis la rivière Patucent, dans le Maryland, jusqu'en Virginie. Les villes de Petersburg, Richmond et Fredericksburg sont bâties sur cet immense dépôt.

A Baldjik, en Bulgarie, il existe un dépôt que l'on croit être d'origine saumâtre. C'est le seul gisement de cette nature que l'on connaisse.

Dans la presqu'île de Jutland (Danemark), on trouve une ardoise à polir qui contient des Diatomées spéciales ; les dépôts de Fûr et de Skiva, encore dans le Danemark, sont aussi très riches et renferment des espèces qui n'ont pas été trouvées ailleurs.

Mascara, en Algérie, est célèbre pour son gisement tertiaire.

Les dépôts d'Egim (Grèce) et des îles Baléares sont surtout remarquables en ce que les Diatomées s'y trouvent mélangées à des spicules d'éponges.

Le sous-sol de la zone littorale de la Flandre occidentale est formé d'une argile marneuse de 50 mètres de profondeur, et contient de 20 à 25 °/₀ de valves de Diatomées marines.

Je citerai encore les dépôts de Moron (Espagne), de Licata (Sicile), de Natanaï (Japon), de Nottingham, de Santa-Monica, en Amérique, et, enfin, le dépôt du puy de Mur (Puy-de-Dôme), le plus remarquable assurément de tous les dépôts connus à la surface du globe.

Les dépôts d'eau douce se sont produits et se produisent encore dans les lacs, les étangs, les mares et les fossés. Ces dépôts sont pulvérulents et leur densité est souvent inférieure à celle de l'eau ; à l'état sec, ils sont blancs ou gris, suivant la quantité de matières organiques qu'ils contiennent. En Auvergne, on les désigne sous le nom de *randannite* (1), du nom de la localité (Randanne) où se trouve l'un de ces dépôts; ailleurs, on les appelle *farine fossile*, à cause, sans doute, de leur ressemblance avec la farine des céréales.

En raison de leur nature siliceuse, on les utilise sous le nom de *poudre à polir* et de *tripoli*, dans les arts et dans l'industrie métallurgique, pour le polissage des métaux. Lorsque le gisement est formé presque exclusivement de valves de Diatomées, cette homogénéité le rend précieux pour entrer, sans danger d'explosion, en mélange avec la nitroglycérine dans la composition de la dynamite; tels sont les dépôts d'Eger et d'Ebsdorf en Allemagne, de Degernfors en Finlande, de Santa-Fiora en Toscane, et nos dépôts de Ponteix, de Ceyssat et des Rouilhas.

Le génie militaire a exploité ces trois derniers, de préférence à tout autre, à cause des espèces à valves très épaisses qu'ils contiennent; ces espèces appartiennent surtout aux genres *Epithemia*, *Cymbella*, *Synedra* et *Navicula*.

La matière pulvérulente de ces dépôts peut absorber jusqu'à 80 °/₀ de son poids des liquides dont on l'imprègne. Pour utiliser cette faculté d'absorption, il suffit de saturer le dépôt de nitroglycérine; en cet état, ainsi que le font observer MM. Leuduger-Fortmorel et P. Petit, la puissance explosive au moindre choc est annihilée; elle ne se produit plus que sous l'influence de l'étincelle électrique ou d'une capsule fulminante. La dynamite

(1) C'est en 1832 que la randannite fut signalée pour la première fois à Ceyssat, par M. Fournet; il la désigna sous le nom de *Silice gélatineuse*, supposant qu'elle était due à des dépôts d'eaux thermales. Après sa découverte de Ceyssat, M. Fournet ayant eu occasion de parler à M. le comte de Montlosier de cette terre siliceuse, celui-ci reconnut qu'il en possédait l'analogue dans une prairie de son domaine de Randanne, d'où le nom de *randannite*, donné par Dufrénoy, à tous les dépôts diatomifères d'Auvergne. Mais, ainsi que le fait observer avec raison notre savant compatriote, M. F. Gonnard, il aurait été plus exact de l'appeler *ceyssatite*.

devient ainsi transportable, même par le chemin de fer, pourvu qu'elle soit renfermée dans des barils qui ne laissent rien transsuder.

Distribution des Diatomées sur la surface du sol. — L'excessive ténuité des Diatomées leur permet, une fois sèches, d'être balayées par le vent qui les répand au loin sur d'immenses étendues de pays, et même d'un continent à l'autre. L'air redevenu calme, elles tombent sur le sol, et les pluies, délayant ces corpuscules organiques, les transportent dans les ruisseaux, les lacs et les tourbières, et là, grâce à leur reviviscence, elles ne tardent pas à se multiplier avec une prodigieuse activité.

Cette diffusion des Diatomées et de leurs germes par les courants aériens et les pluies, distribue assez uniformément les espèces d'eau douce sur les continents.

L'Auvergne, par sa situation géographique, ses nombreuses sources minérales, à toutes les altitudes et à toutes les températures, offrant, de plus, dans ses lacs, une grande variété de profondeurs, possède un ensemble de conditions éminemment favorables à l'éclosion et au développement des Diatomées; aussi, il n'est pas étonnant que nous ayons presque toutes les espèces d'eau douce de la Flore française.

Les espèces marines vivantes nous font totalement défaut; ainsi, bien que les vents de l'ouest nous apportent des sporules des Diatomées marines des bords de la Manche et des plages de l'Océan, et ceux du midi des rivages de la Méditerranée, je n'ai encore trouvé aucune de ces espèces dans nos sources minérales, alors que, dans leur voisinage, plusieurs représentants de la Flore maritime Phanérogame, s'y trouvent très prospères, tels que : *Spergularia salina* et *marginata*, *Taraxacum lepto-*

cephalum, Glaux maritima, Triglochin maritimum, Glyceria distans, Chara crinita var. *brevispina*, etc.

Nous avons bien, dans les eaux minérales de Saint-Alyre, de Saint-Nectaire, de Saint-Floret, etc., le *Nitzschia vitrea*, donné comme espèce marine par Rabenhorst, mais cette belle espèce se trouve aussi dans des eaux douces ou saumâtres; de même le *Fragilaria hyalina*, découvert à Saint-Alyre, et regardé par quelques auteurs comme Diatomée marine, a été observé dans les eaux saumâtres sur plusieurs points de la France; les *Navicula pumila* et *perminuta* sont dans les mêmes conditions; en somme, la Florule diatomique de nos sources minérales actuelles ne se compose que d'espèces saumâtres, à l'exclusion de toute Diatomée marine.

M. Roujou s'est évidemment mépris en signalant (avec signe de doute, il est vrai), un *Amphitetras* dans le dépôt de Ceyssat; ce genre, d'ailleurs très facile à distinguer, est essentiellement marin, et aucun de ses représentants n'a été trouvé, ni dans les eaux douces, ni dans leurs dépôts.

Il nous manque aussi un petit nombre de Diatomées des sommets élevés des Alpes et des Pyrénées que je n'ai pu réussir à découvrir chez nous; telles sont : *Cocconeis helvetica; Gomphonema glaciale; Navicula pyrenaica, N. scita*, *N. Mauleri* et *Diatomella Balfouriana*.

Je suis persuadé que des recherches ultérieures nous procureront ces quelques espèces; elles doivent exister, soit dans les lacs des montagnes, soit dans les tourbières des hauts plateaux, soit enfin sur les parois des cascades situées à de grandes altitudes.

Multiplication des Diatomées. — Les Diatomées se multiplient par subdivisions binaires et successives du frustule, c'est-à-dire par déduplication ou scissiparité.

Au moment de la division du frustule, le contenu de la cellule membraneuse augmente rapidement en volume; sous l'action de cette dilatation interne, la face connective s'élargit par suite du glissement des deux connectifs l'un sur l'autre; ce mouvement de dislocation se continue jusqu'à ce que les bords libres des deux connectifs soient très rapprochés l'un de l'autre.

En même temps que la face connective s'élargit, le noyau, le protoplasma et l'endochrôme se partagent en deux moitiés; leur division est à peu près complète lorsque la face connective a atteint sa plus grande largeur.

Une fois cette division effectuée, les deux moitiés du noyau vont occuper respectivement les deux parties du protoplasma, pour former chacune un noyau nouveau; puis les deux masses protoplasmiques commencent à sécréter une pellicule siliceuse qui, en s'épaississant graduellement, reproduit deux jeunes valves absolument identiques à celles du frustule primitif.

Le frustule est maintenant formé de quatre valves, dont deux externes (valves anciennes) et deux internes (valves nouvelles); le tout est encore retenu par les deux connectifs des anciennes valves; mais un léger glissement des connectifs finit par séparer les deux jeunes frustules; la jeune valve de chacun d'eux va se placer au bord libre du connectif unique, et le jeune frustule se trouve ainsi constitué sur le plan de l'ancien.

On voit que chaque nouveau frustule est formé de deux valves : une provenant de l'ancien frustule, et une nouvelle; celle-ci, se trouvant emboîtée dans le connectif ancien, est nécessairement plus petite que la valve ancienne qui lui est opposée.

La carapace du nouveau frustule ne comprend encore que deux valves et un seul connectif; mais le bord de la nouvelle valve se prolonge bientôt pour former un jeune connectif qui glisse sous celui de la valve ancienne, et la structure du frustule se trouve ainsi constituée par deux valves et deux connectifs : les deux nouveaux frustules peuvent alors se diviser à leur tour comme celui dont ils proviennent.

Suivant son état de développement, on peut rencontrer, chez une même espèce de Diatomée, des frustules ayant :

1° Deux valves, un connectif et un noyau (frustule jeune) ;

2° Deux valves, deux connectifs et un noyau (frustule adulte) ;

3° Deux valves, deux connectifs et deux noyaux (frustule en voie de multiplication) ;

4° Quatre valves, quatre connectifs et deux noyaux (dernière phase des phénomènes de la multiplication).

Comme les nouvelles valves se forment à l'intérieur des anciennes, il en résulte que les frustules diminuent de taille au fur et à mesure que les subdivisions se reproduisent. C'est ce qu'il est facile de constater dans presque toutes les récoltes. Aussi la variabilité de la taille des individus d'une même espèce est si grande, qu'il n'est pas possible d'accorder à cette donnée une valeur spécifique sérieuse.

C'est à la diminution de taille, aux légères modifications de forme, ou encore au manque de netteté des dessins qui commencent à orner la jeune valve, qu'il faut attribuer le trop grand nombre des prétendues espèces créées par certains auteurs.

Lorsque la diminution du frustule est arrivée à un minimum de taille qui n'est pas dépassé, la division cesse, et la reproduction intervient pour ramener le frustule à sa grandeur primitive.

Reproduction des Diatomées. — Malgré le nombre très considérable de faits constatés, a dit M. Deby, ce que nous savons de tout ce qui concerne la reproduction des Diatomées reste peu compris et mal élucidé. Quoi qu'il en soit, il est admis que la reproduction se produit toujours dans les individus qui sont arrivés au minimum de la taille par voie de divisions successives.

Les phénomènes de la reproduction, sur lesquels les diatomistes sont généralement d'accord, peuvent se résumer ainsi :

1° Le frustule commence par sécréter une couche épaisse de mucilage dont il s'entoure; puis, le protoplasma se dilate, et, sous sa pression, les deux valves se disjoignent par le glissement des deux connectifs, et finissent par se séparer complètement. Le protoplasma, mis ainsi en liberté dans la masse mucilagineuse, s'entoure d'une membrane et prend la forme d'un corps ovoïde nommé *sporange*.

2° Dans l'intérieur du sporange il se produit un jeune frustule qui grandit rapidement, s'enveloppe d'une membrane plus ou moins incrustée de cilice, et ordinairement plissée en travers. Ce jeune frustule a reçu le nom d'*auxospore*.

3° L'auxospore, en se développant, déchire en deux la membrane du sporange, et finit par acquérir une longueur à peu près double de celle du frustule qui l'a produite. Puis, dans l'intérieur de l'auxospore, on voit apparaître un nouveau frustule *identique* à celui dont il provient, c'est-à-dire avec la reproduction exacte de tous les caractères spécifiques. Ce nouveau frustule se nomme *frustule sporangial.*

4° Enfin, le frustule sporangial est mis en liberté par la

rupture de la membrane de l'auxospore; la masse mucilagineuse, dans laquelle les phénomènes de la reproduction se sont passés, se réduit, par résorption, à cette mince membrane qui se voit à l'extérieur de tous les frustules vivants, et que l'on connaît déjà sous le nom de *coléoderme*.

Dans quelques cas, l'auxospore se forme par le mélange de deux masses protoplasmiques appartenant à deux frustules de même espèce; mais les phénomènes ne diffèrent pas essentiellement de ceux que je viens de résumer.

La Diatomée est maintenant revenue à son point de départ, possédant la faculté de se multiplier par subdivisions binaires, jusqu'à la formation d'une nouvelle auxospore.

Des observations attentives ont permis de constater qu'une Diatomée adulte peut se diviser en une heure, et, d'après Ehrenberg, le nombre d'individus provenant du frustule primitif s'élèverait à 35 billions au bout de vingt-quatre heures; d'autre part, d'après les recherches de MM. W. Smith, Thwait et J. Brun, il faut six à dix jours pour que, de l'état de germe, une Diatomée arrive à pouvoir se diviser, c'est-à-dire soit parvenue à l'état adulte.

Réviviscence des Diatomées. — Les Diatomées possèdent la faculté de survivre à une dessiccation complète. Pendant les grandes chaleurs de l'été, il arrive fréquemment que des fossés et des mares, qui contenaient des Diatomées, se dessèchent et restent dans cet état pendant plusieurs mois; il en est de même des mousses, des écorces et des rochers exposés aussi à de longues périodes de dessiccation; cependant, dès que les pluies arrivent, on y retrouve des Diatomées comme auparavant.

Ce phénomène n'est pas exclusif à ces petites plantes; les Lichens et beaucoup d'Algues d'eau douce jouissent de la même propriété.

La réviviscence des Diatomées a été démontrée par M. P. Petit, à l'aide d'une série d'expériences absolument probantes (*Journal de Micrographie*, 1877, p. 242).

M. Schumann avait déjà observé que les Diatomées survivent à la congélation.

Recherche des Diatomées. — Le matériel nécessaire pour une excursion diatomique est peu considérable : une provision de flacons à large goulot, bouchés et numérotés, une canne à crochet et une bonne loupe Coddington, ou mieux, un microscope de poche, tel est le bagage.

Pour l'indication générale des principales stations recherchées par ces petites Algues, je ne saurais mieux faire que de m'inspirer d'un charmant article publié dans l'*Intellectual Observer*.

Nous supposons, dit l'auteur, que le diatomiste et ses amis vont entrer en campagne, armés, équipés et pourvus du fourniment nécessaire à leurs opérations.

Arrêtons-nous devant ce petit cours d'eau rocailleux; la couche brune que nous apercevons sur les pierres, et les longs filaments qui flottent dans l'eau constituent une bonne récolte; un examen ultérieur nous montrera probablement *Diatoma Mesodon*, *Eunotia Arcus*, *Tabellaria fenestrata* et *flocculosa*.

Un peu plus loin, une petite cascade sautille de pierre en pierre pour tomber dans la rivière. Le duvet velouté brun qui couvre les pierres nous donnera de beaux *Gom-*

phonema geminatum et *capitatum*, mêlés au *Cymbella lanceolatum*.

La teinte verte que présentent les flaques d'eau le long de la route est une véritable mine d'or, car rarement on trouvera le *Navicula cuspidata* aussi complètement exempt de tout mélange.

Voici une autre flaque d'eau formée par les dernières pluies; il a donc fallu bien peu de temps pour produire cette couche brunâtre qui tapisse le fond de la mare; elle est constituée presque exclusivement de *Nitzschia palea*.

Plus loin, nous rencontrons un moulin à eau. Le canal est couvert d'une végétation confervoïde; les filaments bruns attachés au bois de l'aqueduc et à la roue hydraulique sont probablement des *Diatoma vulgare* et *elongatum;* peut-être y trouverons-nous aussi *Surirella spiralis*, qui semble faire choix de ce genre de station.

Après avoir gravi le penchant des collines, nous récolterons quelques herbes de cet étang boueux, car dans ces localités on a quelque chance de rencontrer des espèces alpines rares, comme *Navicula rhomboides, obtusa, divergens, lata* et *alpina*.

Pendant que nous marchons sur ce sol mouvant, nous aurons soin de prendre un paquet de *Sphagnum;* plus tard, en exprimant l'eau dont la Muscinée est imbibée, nous pourrons peut-être y trouver quelques beaux spécimens de *Navicula hemiptera* et *alpina*.

Avant d'abandonner les hauteurs, faisons une ample provision des plantes aquatiques (Algues filamenteuses, *Isoetes*, *Myriophyllum*, *Potamogeton*, etc.) qui croissent sur les bords ensoleillés du lac; les lavages de ces plantes nous donneront de magnifiques *Surirella biseriata, ovata* et *splendida;* des *Epithemia turgida* et *Zebra;* des *Cymbella aspera* et *Ehrenbergii;* des *Navicula major* et *viridis;* des *Diatoma hyemale* et *Mesodon,* et peut-être aussi *Cocconeis lineata* et *Rouxii.*

Dans la tourbière exploitée et voisine du lac, nous aurons soin de prendre une motte de tourbe; un lavage subséquent nous fournira plusieurs espèces peu communes.

Voici une belle cascade située à plus de 1,500 mètres d'altitude, empressons-nous de recueillir une quantité suffisante de la couche brune et glaireuse qui couvre les parois des rochers mouillés, et de prendre quelques touffes des Mousses imprégnées des vapeurs de la cascade, nous aurons là : *Melosira Rœseana ; Navicula borealis* et, probablement, plusieurs autres espèces alpines.

Après avoir exploré les lacs, les cours d'eau, les cascades et les tourbières des hauteurs, descendons la vallée qui s'ouvre devant nos pas, et arrêtons-nous un instant pour visiter cette petite grotte au fond de laquelle jaillit une source d'eau vive; le plafond est enduit d'une couche couleur chocolat, dure et granuleuse au toucher; c'est une récolte pure et splendide de *Melosira arenaria*, et nous n'hésiterons pas à en prendre une bonne quantité, car il est rare de trouver cette belle espèce dans un état moins mélangé.

Les Aulnes et les Saules qui bordent le ruisseau de la vallée sont tapissés de Mousses; détachons-en quelques touffes, nous pourrons y trouver plusieurs espèces intéressantes, en particulier *Navicula anglica*.

La prairie marécageuse qui s'étend devant nous, provient d'un ancien lac desséché; un fossé d'assainissement, large et profond, la traverse; sur le talus du fossé nous remarquons une couche de terre d'un blanc grisâtre, friable et très légère. C'est un dépôt de Diatomées fossiles; empressons-nous d'en faire une bonne provision.

Ce dépôt formait, à une époque antérieure, le bassin du lac dans lequel les Diatomées, en coulant à fond, se sont accumulées, et leurs carapaces ont formé la couche que nous venons de découvrir. Il est à remarquer que l'endochrôme a été détruit par une espèce de rouissage, et les frustules sont maintenant réduits à la carapace siliceuse d'une limpidité parfaite. Cette terre, fortement silicifère, nous explique sa valeur pour la culture des céréales, et l'inconvénient qu'elle présente dans celle des pommes de terre, des navets et, en général, dans la culture des plantes qui ne s'assimilent pas la silice.

La masse chevelue de couleur sombre qui croît sur cette vanne est une belle récolte bien pure de *Navicula neglecta*, dont les frustules sont contenus par rangées régulières à l'intérieur des longs filaments.

Visitons l'étang voisin et tirons de l'eau un paquet de ce *Myriophyllum spicatum*, couleur de rouille; il porte un mélange confus de plusieurs espèces dont quelques-unes sont intéressantes, notamment *Amphipleura pellucida*.

Le fossé d'eau claire qui longe la route est la station recherchée par plusieurs Diatomées, telles que : *Pleurosigma attenuatum* et *Spencerii; Nitzschia linearis* et *tenuis; Surirella ovata; Cymatopleura Solea; Navicula elliptica; Cymbella maculata* et *Synedra Ulna*, espèce commune que l'on trouve dans chaque fossé d'eau claire.

Les pierres qui encombrent le lit du ruisseau, provenant de la source voisine, sont tapissées de longs filaments d'un brun jaunâtre, qui valent la peine d'être récoltés. Il faut doucement les ôter de l'eau, étant donnée leur extrême fragilité; c'est une belle espèce : *Meridion circulare.*

La source d'où sort le ruisseau jaillit avec une certaine force et soulève, dans ses bouillons, un sable teinté de brun. Nous recueillerons de ce sable, et nous pourrons constater que sa couleur brune est due au *Fragilaria Harrisonii*, presque pur.

Les endroits marécageux où les plantes sont enduites d'une couche jaune d'oxyde de fer ne doivent pas être négligés. On prendra quelque peu de la matière floconneuse et légère qui couvre la surface de la boue. On peut être sûr d'y trouver de belles Diatomées, telles que : *Surirella spiralis* et *splendida ; Navicula nobilis* et *Stauroneis Phœnicenteron.*

Avant de terminer notre excursion, explorons avec soin cette source minérale, dont les eaux chargées de carbonate de chaux en ont déposé une couche épaisse sur la surface du sol ; prenons une assez grande quantité de la pellicule confervoïde qui couvre la roche calcaire humide ; nous y trouverons probablement, outre les magnifiques *Surirella elegans, ovalis* et *ovata*, le *Fragilaria hyalina* et le *Nitzschia vitrea* avec sa variété *gallica*. Si nous avons la bonne fortune d'y rencontrer le rarissime *Nitzschia Kittlii*, nous pourrons nous féliciter d'avoir donné à notre excursion un sérieux couronnement.

Florules spéciales. — Le diatomiste qui étudie les habitudes de nos petites plantes, et qui s'applique surtout à acquérir la connaissance des lois qui président à leur distribution dans une région donnée, telle que l'Auvergne, par exemple, ne tarde pas à s'apercevoir qu'un grand nombre de Diatomées se rencontrent à peu près partout ; aussi bien en plaine qu'en montagne, et dans les sources minérales comme dans les eaux douces ; d'autres, au contraire, recherchent certaines stations particulières.

Ainsi, les unes restent localisées dans les eaux minérales siliceuses ou calcaires ; d'autres n'habitent que les hautes altitudes, tandis que certaines s'élèvent peu au-dessus de la plaine ; il en est qui exigent une eau chaude et stagnante, d'autres une eau fraîche et courante ; d'autres enfin ne se trouvent que sur les Mousses humides ou sur telle ou telle plante aquatique.

Voilà pourquoi une même station ne saurait convenir au développement des germes de toutes les espèces qui lui sont apportés par les courants aériens.

Voici, d'après les récoltes de Maxime Roux et le résultat de mes propres recherches, la *Florule diatomique* de nos sources minérales :

Amphora acutiuscula.
— *Normanii.*
— *salina.*
— *Ergadensis.*
Cymbella pusilla.
Mastogloia Dansei.
Navicula appendiculata.
— *Cincta.*
— *atomus.*
Fragilaria hyalina.
Nitzschia Victoriæ.
— *commutata.*
— *ovalis.*
— *scalaris.*
— *vitrea* et var.
— *Kittlii.*
— *microcephala.*
Surirella patella.

Les Diatomées suivantes constituent la *Florule de la plaine :*

Achnanthes Biasolettiana.
— *hungarica.*
— *exilis.*
Rhoicosphenia Van Heurckii.
Amphora hyalina.
Stauroneis Legumen.
Navicula Menisculus.
— *slesvicensis.*
— *ovalis.*
— *perminuta.*
Pleurosigma attenuatum.
— *Kutzingii.*
Nitzschia Tryblionella.
— *hungarica.*
— *dubia.*
— *thermalis.*
— *bilobata.*
— *denticulata.*
— *Tabellaria.*
— *vermicularis.*
— *communis.*
— *inconspicua.*
— *Hantzschiana.*
Melosira Dickiei.

Passons maintenant à la *Florule de la montagne*, comprenant les espèces qui n'ont pas été récoltées au-dessous de 700 mètres d'altitude :

Achnanthes coarctata.
— *Peragalli.*
— *trinodis.*
— *gibberula.*
— *flexella* var.
Gomphonema geminatum.
— *Augur.*
— *parvulum.*
— *subtile.*
— *Mustela.*

Gomphonema affine.
Cymbella lævis.
Stauroneis Smithii.
Navicula suecica.
— *borealis.*
— *longa.*
— *acuminata.*
— *acrosphæria.*
— *biceps.*
— *nivalis.*
— *leptocephala.*
— *Cesatii.*
— *scutelloides.*
— *serians.*
— *firma.*
— *seminulum.*
— *minima.*
— *pelliculosa.*
Navicula binodis.
— *perpusilla.*
Epithemia rupestris.
Eunotia tridentula.
— *paludosa.*
— *incisa.*
Synedra barbatula.
Asterionella formosa.
Fragilaria undata.
Nitzschia sinuata.
Denticula frigida.
Tetracyclus Braunii.
Surirella helvetica.
— *robusta.*
Melosira lirata.
— *granulata.*
Cyclotella comensis.

Nos dépôts fossiles ont aussi leur *Florule spéciale*, comprenant les espèces qui n'ont pas été rencontrées encore à l'état vivant, telles sont :

Cocconeis molesta.
— *californica* var.
— *intermedia.*
— *tenuissima.*
— *speciosa.*
Achnanthes subsessilis.
— *exigua.*
Gomphonema Clavus.
— *auritum.*
— *sarcophagus.*
— *Hebridense.*
Amphora gracilis.
— *Proteus.*
Cymbella obtusa.
— *norvegica.*
— *delecta.*
— *turgidula.*
— *Pauli.*
Stauroneis Bruni.
— *amphilepta.*
— *gallica.*
— *acutiuscula.*
— *mesopachya.*
Stauroneis scotica.
Navicula gentilis.
— *aquitaniæ.*
— *Dariana.*
— *Esox.*
— *Porrecta.*
— *subacuta.*
— *hybrida.*
— *notata.*
— *costata.*
— *megaloptera.*
— *basaltæproxima.*
— *lineolata.*
— *brevistriata.*
— *stomatophora.*
— *Bogotensis.*
— *globiceps.*
— *recta.*
— *icostauron* var.
— *decurrens.*
— *Termes.*
— *mesotyla.*
— *macra.*

Navicula peregrina.
— *rostellata.*
— *Cyprinus.*
— *Gastrum.*
— *Placentula.*
— *lanceolata.*
— *bomboides.*
— *crassirostris.*
— *Smithii.*
— *arverna.*
— *aponina.*
— *Heribaudi.*
— *Columnaris.*
— *dilatata.*
— *Peisonis.*
— *dubia.*
— *americana* et var.
— *ampliata.*
— *bisulcata.*
— *bacilliformis.*
— *lepida.*
— *pseudo-bacillum.*
— *Creguti.*
— *minima.*
— *falaisensis.*
— *minuscula.*
Amphiprora recta.
Eunotia parallela.
— *Faba.*
— *polydentula.*
— *Rabenhorstii.*
Raphoneis belgica.
— *amphiceros.*
Synedra affinis.
Fragilaria elliptica.
— *intermedia.*
— *pacifica* et var.
Diatoma elongatum.
Peronia Heribaudi.
Striatella Girodi.
Tetracyclus emarginatus.
— *decoratus.*
— *ellipticus.*
— *Lamina.*
— *Lancea.*
— *compressus.*
Cymatopleura hibernica.
Nitzschia spectabilis.
— *socialis* var.
— *panduriformis* var.
— *tubicola.*
— *acutiuscula.*
— *fossilis.*
Surirella norvegica.
— *turgida.*
— *Bruni.*
— *striatula* et var.
Campylodiscus Thuretii.
Stenopterobia anceps.
Periptera saxogallica.
Melosira lævis.
— *tenuissima.*
— *Borreri.*
— *Heribaudi.*
— *Bruni.*
— *varennarum.*
— *striata.*
Cyclotella Meneghiniana.
— *stelligera.*
Stephanodiscus Astræa.
— *Hantzschianus.*
Coscinodiscus pygmæus.
— *radiatus.*
— *dispar.*
— *exasperans.*
— *chambonis.*
Heribaudia ternaria.

Presque toutes ces Diatomées fossiles existent à l'état vivant dans les eaux douces de l'Europe centrale, et la plupart seront certainement trouvées tôt ou tard chez nous, à l'exception toutefois des espèces exclusivement marines du dépôt du puy de Mur.

Détermination d'une Diatomée. — Pour trouver le nom d'une Diatomée, deux examens successifs sont souvent nécessaires ; il faut d'abord l'observer à l'état vivant, à un grossissement de 300 à 400 diamètres. Ce premier examen permet de noter les caractères fournis par les différentes parties organiques du frustule, telles que l'endochrôme, les filaments, les coussinets, les points d'attache, etc. Comme il est utile de bien apprécier la forme exacte de toutes les faces du frustule, on y parvient facilement en appuyant légèrement et par saccades sur le cover.

Avant de procéder au second examen, il faut débarrasser la Diatomée du coléoderme et de la cellule membraneuse renfermant le protoplasma, l'endochrôme et les globules de nature huileuse, afin de n'avoir à étudier que la carapace siliceuse.

Les procédés employés pour détruire la matière organique du frustule sont assez nombreux ; le traitement par l'acide azotique bouillant, avec addition de chlorate de potasse pulvérisé, est celui que j'ai constamment utilisé. Les Diatomées d'eau douce, en raison de l'épaisseur des valves, résistent fort bien à ce traitement énergique, et il présente l'avantage précieux d'être très expéditif ; quelques minutes d'ébullition suffisent pour détruire la substance organique.

Le chlorate de potasse doit être ajouté au moment de l'ébullition et en petite quantité. Lorsque le dépôt est devenu d'un blanc laiteux, on laisse refroidir et on procède ensuite aux lavages, que l'on répète jusqu'à ce que toute trace d'acide ait disparu.

La Diatomée, réduite maintenant à la carapace, montre nettement les belles stries et les dessins merveilleux qui ornent les faces valvaires et fournissent d'utiles caractères spécifiques.

Pour apprécier les détails minutieux de la striation des valves, il faut ordinairement un grossissement de 700 à 800 diamètres, et parfois davantage pour les très petites espèces à striation peu apparente.

Montage des Diatomées. — Les Diatomées suffisamment nettoyées doivent être montées.

Le montage peut se faire à sec, ou dans un médium fluide, ou encore au baume du Canada.

Les préparations à sec ou au liquide se détériorent presque toujours; le montage au baume étant inaltérable est généralement préféré.

Voici, d'après M. H. Peragallo, le savant monographe des genres *Pleurosigma* et *Rhizosolenia*, la manière d'opérer le montage au baume.

Le baume doit être acheté sec; si on ne peut se le procurer que liquide, on le dessèche complètement à l'étuve et on le redissout au bain-marie, dans l'essence de térébenthine, jusqu'à consistance sirupeuse. Le cover chargé de Diatomées bien sèches étant légèrement chauffé, on dépose alors sur sa surface une goutte d'essence de térébenthine qui pénètre les Diatomées et chasse les bulles d'air qu'elles contiennent. On chauffe ensuite lentement, jusqu'à ce que l'essence soit presque complètement évaporée, et on ajoute une ou deux gouttes de baume. Puis on continue à chauffer pour achever d'évaporer l'essence jusqu'à ce que, en transportant le cover sur une plaque froide, le baume devienne complètement dur. On a ainsi une petite lentille plan convexe, formée par le cover et la goutte de baume. Dans cet état on peut expédier les covers à ses correspondants qui n'auront qu'à achever le montage. Pour cela, on renverse la petite lentille sur un slide que l'on chauffe, en ayant soin d'appuyer, dès le début, sur un bord du cover avec une aiguille pour qu'il s'applique sur le slide par un mouvement de charnière. Lorsque le baume est liquéfié, on appuie pour chasser l'excès et on refroidit le tout.

Le grand avantage de cette manière d'opérer, consiste en ce que tout est rapidement terminé, et que l'on peut de suite nettoyer les bords du cover et placer l'étiquette; cinq minutes suffisent à une préparation.

Le montage fait, le reste de la récolte est placé dans un flacon de collection étiqueté, et on laisse les Diatomées se déposer ; on enlève ensuite l'eau pour la remplacer par de l'alcool, ce qui est important, car sans cela il se formerait des moisissures.

Si l'on a besoin, plus tard, de faire de nouvelles préparations, il faudra remplacer l'alcool par de l'eau distillée pour éviter que les Diatomées ne se réunissent en agrégations au moment du montage.

Triage des Diatomées. — Il peut arriver que l'on ait besoin de trier et de choisir les plus beaux exemplaires d'une récolte, de manière à faire des préparations ne contenant qu'une seule espèce. Le triage se fait à un grossissement de 200 à 250 diamètres, avec un poil de pinceau servant à détacher les frustules, et à les transporter un à un sur un cover dont la face supérieure est enduite d'une légère couche de gélatine dissoute dans l'eau distillée. Au centre de la face qui n'a pas reçu l'encollage, on marque un petit point d'encre et on applique de suite cette face sur le slide à côté du cover qui contient les Diatomées à trier; le point d'encre suffit pour produire l'adhérence nécessaire tout en indiquant le centre du cover. Une fois la Diatomée sur le point d'encre, on procède au montage par la méthode ordinaire.

Les préparations faites ainsi demandent du temps et de l'adresse, mais elles sont nettes et très commodes pour l'étude.

CLASSIFICATION DES DIATOMÉES.

Plusieurs systèmes ont été proposés successivement par Agardh, Ehrenberg, Kützing, Rabenhorst, etc., pour classer les Diatomées. Ces divers auteurs ont utilisé, tantôt la forme extérieure des frustules, tantôt le mode de végétation des Diatomées vivantes, qui se présentent libres ou réunies en filaments, ou portées par un pédicelle.

En 1856, le professeur W. Smith, dans son *Synopsis*, attira l'attention des diatomistes sur les deux états de l'endochrôme.

Quelques années plus tard (1861), Ralfs publia un système basé sur la présence ou l'absence du raphé et du nodule, et fit remarquer les affinités naturelles qui existent entre plusieurs groupes.

Le professeur Pfitzer, frappé de la remarque de W. Smith, concernant les deux états de l'endochrôme, entreprit une étude sérieuse de cette substance et, en 1871, publia une nouvelle classification basée sur les deux dispositions particulières qu'elle présente dans le frustule; mais Pfitzer n'ayant pas su appliquer son principe aux affinités des tribus et des genres, son œuvre est restée incomplète.

L'année suivante, un savant diatomiste américain, H.-L. Smith, reprit et compléta le système de Ralfs, que le Dr Van Heurck a traduit et publié dans son ouvrage, le *Microscope*, 1878.

Le système du professeur H.-L. Smith a été suivi par plusieurs auteurs, notamment par le docteur Van Heurck dans son remarquable *Synopsis des Diatomées de Belgique*. Il présente surtout l'avantage de pouvoir être appliqué aussi bien sur les individus vivants que sur les frustules fossiles et les préparations au baume.

D'après la présence ou l'absence du raphé, l'auteur divise la famille des Diatomées en trois sous-familles, savoir :

1° Les RAPHIDÉES, comprenant les tribus des *Cymbellées*, des *Naviculées*, des *Gomphonémées*, des *Achnanthées* et des *Cocconéidées*, c'est-à-dire toutes les Diatomées ayant un raphé, au moins sur l'une des deux valves ;

2° Les PSEUDO-RAPHIDÉES, comprenant les tribus des *Fragilariées*, des *Tabellariées* et des *Surirellées*, c'est-à-dire toutes les Diatomées ayant au moins, sur l'une des deux valves, un espace blanc (pseudo-raphé) simulant un raphé ;

3° Les CRYTPO-RAPHIDÉES, comprenant les tribus des *Chætocérées*, des *Mélosirées*, des *Bidulphiées*, des *Eupodiscées*, des *Héliopeltées*, des *Astérolamprées* et des *Coscinodiscées*, c'est-à-dire toutes les Diatomées n'ayant jamais de raphé ni de pseudo-raphé sur aucune des valves.

En 1876, M. Paul Petit, après avoir complété les observations du professeur Pfitzer, publia une classification basée sur les deux états de l'endochrôme.

Ainsi que l'avait fait Pfitzer, M. P. Petit divise la famille des Diatomées en deux sous-familles, savoir :

1° Les PLACOCHROMATICÉES, comprenant les tribus des

Achnanthées, des *Gomphonémées*, des *Cymbellées*, des *Naviculées*, des *Amphiprorées*, des *Nitzschiées*, des *Surirellées*, des *Synédrées* et des *Eunotiées*, c'est-à-dire toutes les Diatomées à endochrôme lamelleux;

2° Les COCCOCHROMATICÉES, comprenant les tribus des *Fragilariées*, des *Plagiogrammées*, des *Trachysphéniées*, des *Licmophorées*, des *Tabellariées*, des *Rhizosoléniées*, des *Chætocérées*, des *Bidulphiées*, des *Eupodiscées*, des *Héliopeltées*, des *Astérolamprées*, des *Coscinodiscées*, des *Xanthiopyxidées* et des *Gaillonellées* ou *Mélosirées*, c'est-à-dire toutes les Diatomées à endochrôme granuleux.

C'est la classification de H.-L. Smith, légèrement modifiée, que j'ai adoptée pour la disposition systématique des Diatomées d'Auvergne.

NOMS DES AUTEURS CITÉS AVEC ABRÉVIATION.

Ag. = Agardh.
Arn. = Arnott.
Auersw. = Auerswald.
Berk. = Berkeley.
A. Br. = A. Braun.
Bréb. = de Brébisson.
Br. = J. Brun.
Castr. = Castracane.
Cl. = Clève.
Desm. = Desmazières.
Donk. = Donkin.
Ehrb. = Ehrenberg.
Eul. = Eulenstein.
Greg. = Gregory.
Grév. = Gréville.
Grun. = Grunow.
Htz. = Hantzch.
Hass. = Hassall.
Heib. = Heiberg.
F. Hérib. = F. Héribaud Joseph.
Kit. = Kitton.
Ktz. = Kützing.
Lag. = Lagerstedt.
Lyngb. = Lyngbye.
Moor. = Moorhouse.
Næg. = Nægeli.
Nitz. = Nitzsch.
Norm. = Norman.
H. Perag. = H. Peragallo.
M. Perag. = M. Peragallo.
Pritch. = Pritchard.
Rab. = Rabenhorst.
Schum. = Schumann.
Ad. Sch. = Ad. Schmidt.
W. Sm. = W. Smith.
Thw. = Thwaites.
V. H. = Van Heurck.
Wartm. = Wartmann.

Les noms des auteurs qui ne figurent pas dans cette liste sont cités sans abréviation.

TITRES DES OUVRAGES CITÉS AVEC ABRÉVIATION.

A. S. Atl. = Ad. Schmidt, *Atlas der Diatomaceenkunde.*
Bréb. D. C. = Brébisson, *Diatomées de Cherbourg.*
Br. D. A. J. = Brun, *Diatomées des Alpes et du Jura.*
Ehrb. Micr. = Ehrenberg, *Microgéologie.*
Greg. D. C. = Gregory, *Diatoms of the Clyde.*
Ktz. S. A. = Kützing, *Species Algarum.*
Sm. S. B. D. = W. Smith, *Synopsis of British Diatomaceæ.*
V. H. S. = Van Heurck, *Synopsis des Diatomées de Belgique.*

Je n'ai mentionné que l'indication de la figure qu'il m'a paru le plus utile à consulter.

SIGNES ABRÉVIATIFS.

CC = Très commun.
C = Commun.
AC = Assez commun.
RR = Très rare.
R = Rare.
AR = Assez rare.

UNITÉ DE MESURE.

L'unité de mesure adoptée dans ce travail est le *mikron* (μ), ou millième de millimètre.

DISPOSITION SYSTÉMATIQUE

DES

DIATOMÉES D'AUVERGNE

SOUS-FAMILLE I. — RAPHIDÉES.

1re TRIBU. — ACHNANTHÉES.

GENRE **Cocconeis** EHRB. 1835.

Coc. Pediculus Ehrb. (V. H. S. pl. 30, fig. 28 à 30).

PUY-DE-DÔME. Manglieu *(Max. Roux)*. Etang de Chancelade *(Montel)*. Villars; Lezoux; lac d'Aydat; eaux minérales de Sainte-Marguerite (!) (1).

CANTAL. Massiac; Arpajon; Boisset; Mauriac (!).

Hab. Espèce commune dans toutes les eaux stagnantes; un peu moins fréquente en montagne.

Coc. salina Rab. (Süssw. Diat. p. 27, fig. 8 = *Coc. Pediculus* var.)

PUY-DE-DÔME. Etang de la Masse, près de Latour-d'Auvergne *(Paillarse)*. Manglieu *(Max. Roux)*.

CANTAL. Allanche (*Biélawski*). Salers (!).

Hab. Parasite sur les plantes aquatiques des eaux stagnantes, surtout sur les Algues filamenteuses. AR.

(1) Le signe (!) signifie que j'ai récolté l'espèce aux localités qui le précèdent.

Coc. Placentula Ehrb. (V. H. S. pl. 30, fig. 26 et 27).

PUY-DE-DÔME. *Fossile :* Saint-Saturnin; Randanne; Rouilhas-Bas; Ceyssat; la Cassière; Champeix; Olby. — *Vivant :* Lac d'Aydat; lac inférieur de la Godivelle; lac Chauvet; lac de la Faye; Pierre-sur-Haute; étang de Giat, près d'Aiguеperse; Ambert; Villars; Châteaugay; Riom; sources minérales de Sainte-Marguerite; étang de Ligonnes, près de Lezoux (!). Manglieu; Issoire; Saint-Babel; Saint-Nectaire *(Max. Roux).*

CANTAL. Le Lioran; Aurillac; ruisseau des Roques, près de Saint-Santin (!). Boudier, près d'Eglise-Neuve *(Brioude).*

Hab. Mêmes stations que les deux espèces précédentes. CC.

Coc. intermedia M. Perag. et F. Hérib. *nov.* (1). (Pl. III, fig. 1 et 2).

Même conformation générale que les *Coc. Placentula* et *lineata;* intermédiaire comme dimensions. Longueur 50 à 70μ. Valve supérieure à perles formant des lignes sinueuses, espacées et irrégulières; 12 perles en 10μ sur l'anneau, et 15 en 10μ à l'intérieur.

PUY-DE-DÔME. *Fossile :* Randanne; Ponteix; Verneuge. AR.

Forma **minor** *nov.* M. Perag. et F. Hérib.

Ne diffère du type que par ses dimensions beaucoup moindres. Longueur 20 à 30μ.

PUY-DE-DÔME. *Fossile :* Dépôt de Randanne. AR.

Coc. lineata Grun. (V. H. S. pl. 30, fig. 31 et 32.)

PUY-DE-DÔME. *Fossile :* Saint-Saturnin; Ponteix;

(1) Les diatomistes pourront se procurer la plupart des espèces et variétés nouvelles décrites dans cet ouvrage, triées et montées, chez M. J. Tempère, préparateur-micrographe habile et consciencieux. — 168, rue Saint-Antoine, Paris.

Rouilhas-Bas; Pré Cohendy; les Queyrades n° 2 (1); Ceyssat, Randanne; puy de Mur. — *Vivant :* Source froide, à Saint-Saturnin; grotte de Royat (!). Mont-Dore *(Faure Armand)*. Gour de Tazanat (*F. Hardouin)*. Sondage du lac d'Aydat *(Ch. Bruyant)*.

CANTAL. Farges, près de Paulhac *(Sagette Albert)*. Murat; Le Lioran (!).

Hab. Eaux vives de la région montagneuse. AC.

C. Rouxii F. Hérib. et J. Br. *nov.* (Pl. I, fig. 3 = *Coc. lineata* var.)

Valve supérieure assez bombée, avec marge très abaissée. Lignes longitudinales formées par de grosses perles distantes, bien nettes et de même grosseur jusqu'au ruban marginal. Valve inférieure presque plane jusqu'au cercle du bord qui s'abaisse fortement, ce qui donne à la face connective l'aspect d'une ellipse aplatie. La ponctuation des stries transversales y augmente beaucoup de grosseur, du centre à la circonférence. Nodules du ruban marginal fortement accentués, bacillaires et irrégulièrement espacés. Longueur 40 à 90μ. Largeur 25 à 55μ.

La silice est plus épaisse que dans le type de Grunow; de plus, cette forme remarquable offre, dans le champ visuel du microscope, un aspect beaucoup plus robuste.

PUY-DE-DÔME. *Fossile :* Ponteix. — *Vivant :* Source froide, à Saint-Saturnin; vallée de Chaudefour, au Mont-Dore (!).

CANTAL. Fontaine du village de Farges, près de Paulhac *(Sagette Albert)*. Plomb du Cantal; base du puy Mary (!).

Hab. Eaux vives des montagnes. AR.

Ce *Cocconeis* est dédié à MAXIME ROUX.

(1) Le dépôt des Queyrades, situé près du lac d'Aydat, a été étudié sous les numéros 1 et 2.

Var. **euglypta** Grun. (V. H. S. pl. 30, fig. 33 et 34).

PUY-DE-DÔME. *Fossile :* Saint-Saturnin; Ponteix; les Queyrades n° 2.

CANTAL. Le Lioran, sur *Fontinalis antipyretica* (!). R.

Forma **minor** *nov.* M. Perag. et F. Hérib.

Comparées à celles du type, les dimensions de cette forme sont excessivement réduites.

CANTAL. *Fossile :* Dépôt de Joursac. CC.

Coc. tenuissima Næg. (Rab. Fl. eur. Alg. p. 99).

Espèce très petite, hyaline. Longueur 12 à 15µ.

PUY-DE-DÔME. *Fossile :* Dépôt des Queyrades n° 2. C.

Coc. californica Grun., forma **subcontinua**. (V. H. S. pl. 30, fig. 10).

PUY-DE-DÔME. *Fossile :* Champeix; Saint-Saturnin; Creux Mortier, près de Ponteix. AC.

Coc. molesta Ktz. (V. H. S. pl. 30, fig. 18 et 19).

Absolument identique à l'espèce actuelle des lagunes de Venise.

PUY-DE-DÔME. *Fossile :* Dépôt marin du puy de Mur, près de Chauriat. AR.

Coc. speciosa Greg. var. (Pl. III, fig. 3).

Espèce très petite, portant de fortes perles disposées sur deux rangs seulement.

PUY-DE-DÔME. *Fossile :* Dépôt de Varennes n° 2. R. (1).

(1) Le dépôt de Varennes, situé près du lac Chambon, a été étudié sous les nos 1, 2 et 3. — Pour les détails concernant le mode de formation de ce curieux dépôt, je renvoie le lecteur à la *Flore pliocène du Mont-Dore*, étude magistrale, récemment publiée par M. l'abbé Boulay. Chez l'auteur, à la Faculté catholique de Lille.

Coc. trilineatus M. Perag. et F. Hérib. *nov.* (Pl. III, fig. 4 et 5).

Espèce petite, à extrémités quelquefois un peu coniques. Valve supérieure à raphé presque invisible, striée transversalement, à stries parallèles au centre, devenant rayonnantes et circulaires aux extrémités, au nombre de 19 environ en 10µ. Valve inférieure portant de chaque côté trois rangées de perles formant des lignes plus ou moins sinueuses; la troisième rangée très rapprochée du bord, qui est lui-même garni d'une rangée de granules. On compte 15 à 17 perles en 10µ.

Puy-de-Dôme. *Fossile :* Dépôt de Varennes n° 2. AR.

Obs. — Dans le dépôt de Rouilhas-Bas, on trouve plusieurs *Cocconeis* voisins des *Coc. Placentula* et *lineata*, mais qui ne se rapportent franchement à aucune de ces deux espèces, quoique en ayant la striation; leur forme générale est plus ronde. On y voit notamment une grande forme dont les deux valves paraissent avoir des anneaux marginaux.

Le genre *Cocconeis*, très richement représenté en Auvergne, surtout dans les dépôts fossiles, demanderait à être revu avec soin.

Genre **Achnanthes** Bory 1822.

Ach. subsessilis Ktz. (V. H. S. pl. 26, fig. 21 à 24).

Puy-de-Dôme. *Fossile :* Dépôt de Saint-Saturnin. R.

Obs. — Cette espèce est donnée comme marine par le Dr Van Heurck.

Ach. coarctata (Bréb.) Grun. (V. H. S. pl. 26, fig. 17 à 20).

Puy-de-Dôme, Mont-Dore *(W. Smith).*

Cantal. Rochers humides du Pas-de-Roland; cascade de Saint-Paul, près de Salers (!).

Hab. Cascades et sources vives des montagnes. R.

Ach. hungarica Grun. (V. H. S. pl. 27, fig. 1 et 2).

Puy-de-Dôme. Issoire *(Max. Roux)*. Etang de Croptes, près de Lezoux; Aigueperse (!).

Hab. Sur les plantes aquatiques des eaux stagnantes de la plaine. AR.

Ach. delicatula (Ktz.) Grun. (V. H. S. pl. 27, fig. 3 et 4).

Puy-de-Dôme. Sources de Fontanat; cascade d'Enval, près de Riom (!).

Cantal. Dienne; Murat (!).

Hab. Parois des cascades; sources vives; flaques d'eau de pluie sur les rochers. AC.

Ach. exigua Grun. (V. H. S. pl. 27, fig. 29 et 30 = *Stauroneis exilis* Ktz.).

Puy-de-Dôme. *Fossile :* Dépôt du puy de Mur. R.

Habite les régions tropicales et, en Europe, les sources minérales très chaudes.

Ach. Biasolettiana Grun. (V. H. S. pl. 27, fig. 27 et 28).

Puy-de-Dôme. Le Buisson, sur les plantes aquatiques de la grande pièce d'eau *(Max. Roux)*.

Hab. Eaux stagnantes; bassins, étangs. R.

Ach. exilis Ktz. (V. H. S. pl. 27, fig. 16 à 19).

Puy-de-Dôme. *Fossile :* Dépôt de Saint-Saturnin. — *Vivant :* Lac d'Aydat; eaux minérales de Sainte-Marguerite; petit bassin du Pensionnat des Frères de Clermont (!)

Hab. Eaux calcaires ou siliceuses, vives ou stagnantes de la plaine. C.

Ach. microcephala (Ktz.) Grun. (V. H. S. pl. 27, fig. 20 à 23).

PUY-DE-DÔME. *Fossile :* Dépôt du puy de Mur.

CANTAL. Fontaine du village de Farges, près de Paulhac *(Sagette Albert)*. Le Lioran; Salers (!). R.

Hab. Sur les Algues filamenteuses des eaux stagnantes de la région montagneuse. R.

Ach. minutissima Ktz. (V. H. S. pl. 27, fig. 37 et 38).

PUY-DE-DÔME. Le Buisson ; Saint-Nectaire *(Max. Roux)*. Riom ; Pontgibaud (!).

Hab. Sur les plantes aquatiques; en plaine et en montagne. AC.

Ach. lanceolata (Bréb.) Grun. (V. H. S. pl. 27, fig. 8 à 11).

PUY-DE-DÔME. *Fossile :* Puy de Mur; Ceyssat; Champeix; Saint-Saturnin; les Queyrades n° 2; Saint-Loup; Rouilhas-Bas. — *Vivant :* Eaux minérales de Saint-Floret, de Châtelguyon, de Gimeaux (!). Etang de Chancelade *(Montel)*. Saint-Nectaire *(Max. Roux)*.

CANTAL. Saint-Flour; Maurs; Massiac ; Condat (!).

Hab. Eaux vives ou stagnantes, douces ou minérales; à toutes les altitudes. AC.

Obs. — Dans le dépôt du puy de Mur, on trouve une variété du type à rostre très prolongé.

A première vue, on pourrait confondre l'*Ach. lanceolata* du dépôt des Queyrades n° 2, où il abonde dans la partie légère, avec le *Navicula Creguti* var. *lanceolata* du même dépôt, mais les valves de l'*Achnanthes* sont plus petites, le stauros est moins large, et les stries sont surtout moins serrées.

Ach. Peragalli J. Br. et F. Hérib. *nov.* (Pl. I, fig. 4). Espèce très petite. Longueur 12 à 16μ; largeur 6 à 8μ. Frustule elliptique, à terminaisons capitulées ou simplement rostrées. La valve supérieure porte des stries larges, peu convergentes et lisses. Ces stries s'atténuent subitement dans la région médiane, environ à mi-distance de la marge au centre. La valve inférieure porte des stries plus fines et plus serrées (comme chez l'*Ach. Clevei* Grun.) et très convergentes; elles laissent un large nodule central qui s'évase considérablement, en cônes rectilignes, jusqu'aux flancs de la valve. Sur l'un des côtés du frustule se trouve un demi-cercle très nettement marqué, interposé entre les deux valves et n'interrompant pas les stries de la face supérieure (comme chez l'*Ach. lanceolata*). Face connective très peu courbée, presque rectiligne.

Cette espèce, bien distincte, est dédiée à M. Hippolyte Peragallo.

PUY-DE-DÔME. Bords de l'étang de Chancelade; sur diverses Algues filamenteuses (*Montel*). R.

Ach. trinodis (Arn.) Grun. (V. H. S. pl. 27, fig. 50 à 52).

CANTAL. Rochers du Pas-de-Roland, sur Mousses humides; pente nord du Plomb (!).

Hab. Eaux vives et rochers humides des montagnes. R.

Ach. gibberula Cl. (V. H. S. pl. 37, fig. 47 à 49).

CANTAL. Base du puy Mary, sur *Hypnum fluitans;* rochers humides près du sommet du puy Violent (!).

Hab. Mousses humides et sources vives des hautes montagnes. R.

Ach. flexella (Ktz.) Bréb. (V. H. S. pl. 26, fig. 29 à 31 = *Achnanthidium flexellum* Bréb.).

PUY-DE-DÔME. Ruisseau de Fontanat; cascade d'Enval, près de Riom (!).

CANTAL. Aurillac; Murat (!).

Hab. Eaux vives ou stagnantes de la plaine et des basses montagnes. Assez répandu mais jamais abondant.

Var. **alpestris** J. Br. (Br. D. A. J. pl. 3, fig. 26).

CANTAL. Source vive près du sommet du Plomb; cascade de Saint-Paul, près de Salers (!).

Forme spéciale aux grandes altitudes. R.

2e TRIBU. — GOMPHONÉMÉES.

GENRE **Rhoicosphenia** GRUN. 1860.

Rh. curvata (Ktz.) Grun. (V. H. S. pl. 26, fig. 1 à 3 = *Gomphonema curvata* Ktz.).

PUY-DE-DÔME. *Fossile :* Ceyssat; Champeix; Saint-Saturnin. — *Vivant :* Petit bassin du Pensionnat des Frères de Clermont; Villars; plateau de Châteaugay; lac des Esclauses; eaux minérales de Sainte-Marguerite; Sayat; Ambert; Saulzet-le-Chaud; Châtelguyon (!). Saint-Nectaire *(Max. Roux).*

CANTAL. Maurs; Mauriac; Boisset; Saint-Flour (!).

Hab. Lacs, étangs, tourbières; en plaine et en montagne. C.

Rh. Van Heurckii Grun. (V. H. S. pl. 26, fig. 5 à 9).

PUY-DE-DÔME. Etang de Giat, près d'Aigueperse; eaux minérales des Salins, à Clermont (!).

Hab. Eaux stagnantes, douces ou minérales. RR.

Cette espèce a été trouvée à Vichy, source Lardy, par Max. Roux.

GENRE **Gomphonema** AG. 1824.

Gomph. geminatum Ag. *nec* Ktz. (W. Sm. B. D. I. p. 78, pl. 27, fig. 235).

CANTAL. Source froide, près du sommet du Plomb du Cantal (!).

Hab. Eaux vives des montagnes et des hautes vallées. RR.

Gomph. constrictum Ehrb. (V. H. S. pl. 23, fig. 6 = *Gomph. truncatum* Ehrb.).

PUY-DE-DÔME. *Fossile :* Champeix; les Queyrades n°s 1 et 2; Rouilhas-Bas; la Cassière; Ponteix; Ceyssat. — *Vivant :* Issoire *(Max. Roux)*. Etang de Chancelade *(Montel)*. Lac Guéry; lac Pavin; lac d'Aydat; Narse d'Espinasse; étang Gaubert, près de Lezoux; Job, près d'Ambert (!).

CANTAL. Arpajon *(J. Brun)* [1]. Le Lioran, lac de la Crégut (!).

Hab. Eaux stagnantes; lacs, étangs, tourbières. C.

Obs. — Le *Gomph. constrictum* du dépôt des Queyrades n° 2, n'est pas le type d'Ehrenberg, c'est plutôt une forme intermédiaire entre le type et la variété suivante.

Var. **subcapitata** Grun. (V. H. S. pl. 23, fig. 5).

PUY-DE-DÔME. *Fossile :* Randanne; les Queyrades n°s 1 et 2; Olby; la Cassière; Ceyssat; Champeix; Saint-Saturnin; Creux Mortier; Saint-Loup; Pré Cohendy. — *Vivant :* Sondage du lac d'Aydat *(Ch. Bruyant)*. AC.

(1) Je dois à l'amabilité de mon savant compatriote, M. B. Rames, la liste des Diatomées récoltées dans le Cantal, en 1877, par M. le professeur J. Brun.

Var. **elongata** M. Perag. et F. Hérib. *nov.*

Cette variété est intermédiaire entre le *Gomph. constrictum* et le *Gomph. Mustela*. Longueur 65μ.

PUY-DE-DÔME. *Fossile :* Ceyssat; Randanne. AR.

Gomph. capitatum Ehrb. (V. H. S. pl. 23, fig. 7 = *Gomph. constrictum* var.).

PUY-DE-DÔME. *Fossile :* Ceyssat ; Olby; Ponteix; les Queyrades n° 2; Saint-Loup; Rouilhas-Bas; Randanne; Pré Cohendy. — *Vivant :* Le Buisson *(Max. Roux)*. Gour de Tazanat *(F. Hardouin)*. Sondage du lac Pavin *(Ch. Bruyant* et *P. Gautier)*.

CANTAL. Saint-Jacques-des-Blats; Aurillac; Chaudesaigues (!)

Hab. Eaux limoneuses, marais, tourbières. C.

Var. **curta** V. H. (V. H. S. pl. 23, fig. 8).

PUY-DE-DÔME. *Fossile :* Dépôt de Rouilhas-Bas. R.

Gomph. acuminatum Ehrb. (V. H. S. pl. 23, fig. 16).

PUY-DE-DÔME. *Fossile :* Vassivière (1); Randanne; Ceyssat; les Queyrades n° 2; Saint-Saturnin. — *Vivant :* Lac d'Aydat; lac Guéry; lac Pavin; lac inférieur de la Godivelle; étang Gaubert, près de Lezoux; eaux minérales de Sainte-Marguerite (!). Gour de Tazanat *(F. Hardouin)*. Sondage du lac Pavin *(Ch. Bruyant* et *P. Gautier)*. Saint-Babel; le Buisson *(Max. Roux)*.

CANTAL. Arpajon *(J. Brun)*. Lac de la Crégut; Saint-Flour; Salers; Dienne (!).

Hab. Espèce commune dans les eaux stagnantes; à toutes les altitudes.

(1) Le riche dépôt de Vassivière m'a été communiqué par M. Dumas-Damon, auteur de plusieurs publications intéressantes sur la Flore d'Auvergne.

Var. **Clavus** Bréb. (V. H. S. pl. 23, fig. 20).

Puy-de-Dôme. *Fossile :* Les Queyrades nos 1 et 2; Randanne; Creux Mortier. AR.

Var. **coronata** Ehrb. (V. H. S. pl. 23, fig. 15).

Puy-de-Dôme. *Fossile :* Ponteix; Rouilhas-Bas; la Cassière.

Cantal. Ruisseau des Roques, près de Saint-Santin-de-Maurs, sur *Hypnum rivulare* (!). AR.

Var. **laticeps** (Ehrb.) Grun. (V. H. S. pl. 23, fig. 17).

Puy-de-Dôme. *Fossile :* Randanne; les Queyrades n° 2; la Cassière; Ceyssat; Ponteix; Saint-Saturnin; Rouilhas-Bas. R.

Var. **trigonocephalum** Ehrb. (V. H. S. pl. 23, fig. 18).

Puy-de-Dôme. *Fossile :* Randanne; Ceyssat; les Queyrades n° 2; la Cassière; Saint-Saturnin. AR.

Var. **intermedia** Grun. (V. H. S. pl. 23, fig. 21).

Puy-de-Dôme. *Fossile :* Vassivière; Ponteix. R.

Var. **pusilla** Grun. (V. H. S. pl. 23, fig. 19).

Puy-de-Dôme. *Fossile :* Dépôt de Rouilhas-Bas. AR.

Obs. — Une forme semblable à cette variété, mais plus grande (70 μ), à tête tout à fait rhomboïdale et à flancs droits, se trouve dans le dépôt de Ceyssat.

Gomph. Augur Ehrb. (V. H. S. pl. 23, fig. 29 = *Gomph. cristatum* Ralfs).

Puy-de-Dôme. Gour de Tazanat *(F. Hardouin)*. Lac Guéry (!).

Hab. Grandes eaux stagnantes de la région montagneuse. R.

Var. **Gautieri** V. H. (V. H. S. pl. 23, fig. 28).

Puy-de-Dôme. Lac inférieur de la Godivelle (!). R.

Obs. — Le dépôt de Saint-Saturnin contient une forme tout à fait analogue à la var. *Gautieri*, mais plus grande.

Gomph. montanum Schum. (V. H. S. pl. 23, fig. 33 à 35 = *Gomph. acuminatum* var.).

Puy-de-Dôme. *Fossile :* Dépôt de Saint-Saturnin. — *Vivant :* Eaux minérales de Sainte-Marguerite et de Saint-Nectaire *(Max. Roux)*.

Cantal. Saint-Flour; base du puy Mary; Salers (!)

Hab. Eaux minérales de la plaine; tourbières et eaux vives des hauts plateaux. AR.

Var. **pumila** Grun. (V. H. S. pl. 23, fig. 36).

Puy-de-Dôme. Saint-Nectaire *(Max. Roux)*.

Cantal. Garenne de Saint-Santin-de-Maurs (!). R.

Gomph. subclavatum Grun. (V. H. S. pl. 23, fig. 38 = *Gomph. montanum* var.).

Puy-de-Dôme. *Fossile :* Les Queyrades nos 1 et 2; Randanne; Ceyssat; Saint-Saturnin; Saint-Loup. — *Vivant :* Eaux minérales de Gimeaux; lac inférieur de la Godivelle (!).

Cantal. Garenne de Saint-Santin; Salers (!).

Hab. Sur les Algues et autres plantes aquatiques des eaux tranquilles; lacs, étangs, tourbières. AR.

Var. **acuminata** M. Perag. et F. Hérib. *nov.* (Pl. III, fig. 8).

Diffère du type par ses extrémités plus aiguës, sans toutefois présenter l'étranglement du *Gomph. Brebissonii* de Kützing.

Puy-de-Dôme. *Fossile :* Dépôt de Verneuge. AC.

Gomph. commutatum Grun. (V. H. S. pl. 24, fig. 2).

Puy-de-Dôme. *Fossile :* Dépôt de Saint-Saturnin. — *Vivant :* Lac inférieur de la Godivelle; lac Montcineyre; lac des Esclauses (!).

Hab. Grands lacs des montagnes. AR.

Gomph. parvulum Ktz. (V. H. S. pl. 25, fig. 9 = *Gomph. minutissimum* Bréb.).

PUY-DE-DÔME. *Fossile :* Vassivière; Verneuge; Saint-Loup; les Queyrades nos 1 et 2. — *Vivant :* Source minérale de Saint-Floret; Job, près d'Ambert (!).

CANTAL. Saint-Flour; Chaudesaigues (!).

Hab. Etangs, fossés, sources minérales; sur les Algues et autres plantes aquatiques. AR.

Var. **subcapitata** V. H. (V. H. S. pl. 25, fig. 11).

PUY-DE-DÔME. *Fossile :* Dépôt du Creux Mortier. R.

Var. **lanceolata** Ehrb. (V. H. S. pl. 24, fig. 10).

PUY-DE-DÔME. *Fossile :* Les Queyrades n° 1; Saint-Loup. — *Vivant :* Petit bassin de la maison du Dr Parret, à Clermont *(Max. Roux)*. R.

Gomph. dichotomum W. Sm. (V. H. S. pl. 24, fig. 19 à 21 = *Gomph. gracile* Ehrb.)

PUY-DE-DÔME. *Fossile :* La Cassière; Saint-Saturnin; Rouilhas-Bas. — *Vivant :* Gour de Tazanat *(F. Hardouin)*. Plateau de Châteaugay *(Quittard)*. Le Buisson *(Max. Roux)*. Job; Villars; Orcines (!).

CANTAL. Arpajon *(J. Brun)*. Saint-Flour; bords du Lot, à Vieillevie (!).

Hab. Espèce assez répandue sur les plantes aquatiques de la plaine; moins fréquente dans la région montagneuse.

Gomph. auritum A. Br. (V. H. S. pl. 24, fig. 15 à 18 = *Gomph. gracile* var.)

PUY-DE-DÔME. *Fossile :* Randanne; les Queyrades n°2; Saint-Saturnin; Olby; Vassivière; Verneuge; Champeix; Rouilhas-Bas. AR.

Gomph. tenellum Ktz. *nec* W. Sm. (V. H. S. pl. 24, fig. 22 à 25 = *Gomph. clavatum* Ehrb.).

Puy-de-Dôme. *Fossile :* Dépôt de Ceyssat. — *Vivant :* Ruisseau de Fontanat; bords de l'Allier, sous Mirefleurs (!).

Hab. Marais, étangs, bords des cours d'eau peu rapides; à toutes les altitudes. R.

Obs. — D'après le professeur J. Brun, le *Gomph. glaciale* Ktz. ne serait autre chose que le *Gomph. tenellum* mal développé.

Gomph. micropus Ktz. (V. H. S. pl. 24, fig. 46).

Puy-de-Dôme. *Fossile :* La Cassière; Creux Mortier; les Queyrades n° 1. — *Vivant :* Eaux minérales de Sainte-Marguerite (!)

Hab. Eaux stagnantes de la plaine et des basses montagnes. R.

Var. **minor** Grun. (V. H. S. pl. 25, fig. 5).

Puy-de-Dôme. *Fossile :* Les Queyrades n° 1. — *Vivant :* Eaux minérales de Saint-Nectaire *(Max. Roux).* Sainte-Marguerite (!). R.

Gomph. intricatum Ktz. (V. H. S. pl. 24, fig. 28 et 29).

Puy-de-Dôme. *Fossile :* Saint-Saturnin; Ceyssat. — *Vivant :* Lac d'Aydat; lac inférieur de la Godivelle; lac Montcineyre; étang Gaubert, près de Lezoux; Ambert; petit bassin du Pensionnat des Frères de Clermont; plateau de Châteaugay (!).

Cantal. Saint-Flour; bords de la Truyère, en aval du pont de Garabit (!).

Hab. Eaux stagnantes; grands lacs, étangs, laisses des cours d'eau. AC.

Var. **pumila** Grun. (V. H. S. pl. 24, fig. 36).

Puy-de-Dôme. *Fossile :* Dépôt de Ceyssat. R.

Gomph. Brebissonii Ktz. (V. H. S. pl. 23, fig. 23 et 24 = *Gomph. acuminatum* var.)

PUY-DE-DÔME. *Fossile :* Les Queyrades n° 1 ; Randanne ; Ponteix ; la Cassière ; Champeix ; Rouilhas-Bas. — *Vivant :* Lac d'Aydat ; lac Guéry ; lac inférieur de la Godivelle ; tourbières de Saint-Genès-Champespe ; marais tourbeux de la Croix-Morand (!).

CANTAL. Base du puy Mary ; lac de la Crégut ; Saint-Urcize ; sommet du ravin de la Croix, au Lioran (!).

Hab. Marais tourbeux, lacs et cascades des hautes montagnes. AC.

Gomph. elongatum W. Sm. (V. H. S. pl. 23, fig. 22 = *Gomph. acuminatum* var.)

PUY-DE-DÔME. *Fossile :* Les Queyrades n° 2 ; Creux Mortier. — *Vivant :* Mont-Dore (*W. Smith*).

CANTAL. Rochers humides des bords de la Maronne, sous Salers (!).

Hab. Plantes aquatiques ; rochers humides et cascades des hautes vallées. AR.

Var. **minor** M. Perag. et F. Hérib. *nov.*

Forme intermédiaire entre le *Gomph. elongatum* et le *Gomph. Brebissonii.*

PUY-DE-DÔME. *Fossile :* Dépôt de la Cassière. R.

Obs. — Dans le dépôt des Queyrades n° 2, on trouve une forme très longue, atteignant jusqu'à 85μ, à tête rhomboïdale, qui doit être rapportée, comme variété, au *Gomph. acuminatum* Ehrb. plutôt qu'au *Gomph. elongatum* W. Sm.

Gomph. subtile Ehrb. (V. H. S. pl. 23, fig. 13).

PUY-DE-DÔME. *Fossile :* Dépôt de Rouilhas-Bas. — *Vivant :* Ruisseau sortant de la Narse d'Espinasse (!).

CANTAL. Sommet du Plomb; pente nord du puy Mary (!).

Hab. Eaux vives et tourbières des montagnes. R.

Gomph. Mustela Ehrb. (V. H. S. pl. 24, fig. 4).

PUY-DE-DÔME. Lac Pavin, sur *Fontinalis arvernica* (!). RR.

Cette espèce rare est à rechercher dans les autres lacs de nos montagnes.

Var. **curvata** J. Br. et M. Perag. *nov.* (Pl. III, fig. 6 et 7).

Face valvaire presque bacillaire, à centre renflé et à extrémités largement arrondies. Stries transversales presque parallèles, légèrement radiantes au centre, n'atteignant pas le raphé; espace hyalin arrondi autour du nodule central et portant un point unilaterne. Face connective étroite, arquée et atténuée aux deux extrémités.

Longueur 80μ, avec 9 stries en 10μ.

PUY-DE-DÔME. *Fossile :* Dépôt des Queyrades n° 1. AR.

Forma **minor** *nov.* M. Perag. et F. Hérib.

Longueur atteignant à peine 45μ.

PUY-DE-DÔME. *Fossile :* Dépôt de Ceyssat. AC.

Gomph. Vibrio Ehrb. (V. H. S. pl. 24, fig. 26).

PUY-DE-DÔME. *Fossile :* Ceyssat; Randanne; Rouilhas-Bas; Saint-Saturnin; Vassivière. — *Vivant :* Etang Gaubert, près de Lezoux; lac d'Aydat (!).

CANTAL. Lac de la Crégut; Salers; ruisseau des Roques, près de Saint-Santin (!).

Hab. Eaux stagnantes de la plaine et des montagnes. AR.

Gomph. insigne Greg. (V. H. S. pl. 24, fig. 39 et 40).

PUY-DE-DÔME. Signalé dans le dépôt de Rouilhas-Bas, par MM. P. Petit et Leuduger-Fortmorel. M. Peragallo l'a trouvé aussi dans celui de Pourchères (Ardèche).

Gomph. Cygnus Ehrb. (Microgéol. t. V, pl. 3, fig. 33).'

PUY-DE-DÔME. *Fossile :* Dépôt de Randanne *(P. Petit et Leuduger-Fortmorel).* — *Vivant :* Rochers humides du Val d'Enfer, au Mont-Dore.

CANTAL. Sommet du ravin de la Croix, au Lioran, sur Mousses humides; cascade de Saint-Paul, près de Salers (!).

Hab. Eaux vives des hautes vallées; parois des cascades. R.

Gomph. angustatum (Ktz.) Grun. (V. H. S. pl. 24, fig. 49 et 50 = *Gomph. commune* Rab.)

PUY-DE-DÔME. Plateau de Scey, près le Buisson *(Max. Roux).* Eaux minérales de Gimeaux *(F. Hardouin).* Job, près d'Ambert (!).

CANTAL. Maurs; Montmurat (!).

Hab. Etangs et fossés de la plaine. AR.

Var. **producta** Grun. (V. H. S. pl. 24, fig. 52 à 55).

PUY-DE-DÔME. *Fossile :* Randanne ; les Queyrades n° 2; la Cassière; Rouilhas-Bas. — *Vivant :* Plateau de Scey *(Max. Roux).* Eaux minérales de La Bourboule *(P. Petit).* R.

Var. **subæqualis** Grun. (V. H. S. pl. 25, fig. 1).

PUY-DE-DÔME. Sources minérales de Gimeaux (!). R.

Var. **intermedia** Grun. (V. H. S. pl. 24, fig. 47).

PUY-DE-DÔME. *Fossile :* Dépôt de l'étang Saint-Loup. AR.

Gomph. affine Ktz. (V. H. S. pl. 24, fig. 8 à 10).

PUY-DE-DÔME. Lac Guéry, sur *Isoetes lacustris* (!).

Hab. Grands lacs de la région montagneuse. R.

Gomph. Sarcophagus Greg. (V. H. S. pl. 25, fig. 2 = *Gomph. angustatum* var.).

PUY-DE-DÔME. *Fossile :* Randanne ; les Queyrades n° 2 ; Creux Mortier.

Espèce commune dans le dépôt de Randanne, et rare dans les deux autres.

Gomph. olivaceum Ehrb. (V. H. S. pl. 25, fig. 20).

PUY-DE-DÔME. Lac d'Aydat ; Job, près d'Ambert (!). R.

Hab. Sur les pierres immergées et les parois des cascades, plus rarement sur les plantes aquatiques. AR.

M. le chanoine Durin m'a communiqué cette espèce des environs de Moulins (Allier).

Gomph. exiguum Ktz. (V. H. S. pl. 25, fig. 34 = *Gomph. hyalinum* Heib.).

PUY-DE-DÔME. *Fossile :* Dépôt des Queyrades n° 2. — *Vivant :* Laisses de l'Allier, à Gondolle et à Bellerive (!).

CANTAL. Etang du Trioulou, près de Saint-Constans (!).

Hab. Eaux stagnantes de la plaine. R.

Gomph. abbreviatum Ktz. (V. H. S. pl. 25, fig. 16).

PUY-DE-DÔME. *Fossile :* Dépôt des Queyrades n° 2. — *Vivant :* Aigueperse ; Médagues (!).

CANTAL. Bords du Célé, à Saint-Constans ; Massiac (!).

Hab. Ruisseaux, étangs, fossés ; assez répandu sur les plantes aquatiques de la plaine.

Gomph. semiapertum var. **tergestina** Grun. (V. H. S. pl. 25, fig. 40).

PUY-DE-DÔME. *Fossile :* Dépôt de Saint-Saturnin. RR.

Gomph. Hebridense Greg. (Pl. III, fig. 9).

PUY-DE-DÔME. *Fossile :* Dépôt de Vassivière. R.

3e Tribu. — CYMBELLÉES.

Genre **Amphora** Ehrb. 1831.

Amph. acutiuscula Ktz. (V. H. S. pl. 1, fig. 18).

Puy-de-Dôme. Eaux minérales de Saint-Nectaire *(Max. Roux)*. R.

Obs. — Van Heurck donne cette espèce comme Diatomée marine.

Amph. Normanii Rab. (V. H. S. pl. 1, fig. 12 = *Amph. humicola* Grun.).

Puy-de-Dôme. Eaux minérales de Sainte-Marguerite et de Médagues (!). R.

M. le chanoine Durin m'a communiqué cette espèce de Bourbon-Lancy (Saône-et-Loire).

Amph. salina W. Sm. (V. H. S. pl. 1, fig. 19 = *Amph. lineolata* Ktz. *nec* Ehrb.).

Puy-de-Dôme. Eaux minérales de Saint-Nectaire *(Max. Roux)*. R.

Amph. veneta Ktz. (V. H. S. pl. 1, fig. 17).

Puy-de-Dôme. Fossés vaseux, à Lussat *(Lastiolas)*.

Cantal. Rochers du Pas-de-Roland (!).

Hab. Eaux stagnantes de la plaine; cascades et rochers humides des montagnes. AR.

Amph. ovalis Ktz. (V. H. S. pl. 1, fig. 1).

Puy-de-Dôme. *Fossile :* Ponteix; Rouilhas-Bas; Randanne; Saint-Saturnin. — *Vivant :* Lac d'Aydat; lac inférieur de la Godivelle; étang Gaubert, près de Lezoux;

narse de la Cassière (!). Saint-Nectaire *(Max. Roux)*. Sondage du lac Pavin *(Ch. Bruyant* et *P. Gautier)*.

CANTAL. Salers; vallée de Fontanges; la Bastide; Aurillac; Murat (!). Tourbières du Cézallier *(Biélawski)*.

Hab. Espèce assez fréquente sur les plantes aquatiques, en plaine et en montagne.

Amph. Pediculus Grun. (V. H. S. pl. 1, fig. 6 et 7 = *Amph. minutissima* W. Sm.).

PUY-DE-DÔME. *Fossile :* Rouilhas-Bas; Randanne; la Cassière; les Queyrades n° 2; Olby; Creux Mortier; Saint-Saturnin. — *Vivant :* Issoire; Saint-Nectaire (*Max. Roux)*. Champeix; Coudes (!).

CANTAL. *Fossile :* Dépôt de Joursac. — *Vivant :* Rochers du Pas-de-Roland; Salers; Murat (!).

Hab. Etangs, fossés, cascades; çà et là à toutes les altitudes. AR.

Var. **exilis** Grun. (V. H. S. pl. 1, fig. 9 et 10).

PUY-DE-DÔME. Le Buisson *(Max. Roux)*. R.

Var. **minor** Grun. (V. H. S. pl. 1, fig. 8).

PUY-DE-DÔME. *Fossile :* Dépôt de Ceyssat. AR.

CANTAL. Farges, près de Murat; Chaudesaigues (!). R.

Var. **major** Grun. (V. H. S. pl. 1, fig. 4 et 5).

PUY-DE-DÔME. *Fossile :* Les Queyrades n° 2; Creux Mortier; Rouilhas-Bas. AR.

Amph. gracilis Ehrb. (V. H. S. pl. 1, fig. 3).

PUY-DE-DÔME. *Fossile :* Randanne; les Queyrades n° 2; Creux Mortier. R.

Amph. affinis Ktz. (V. H. S. pl. 1, fig. 2 = *Amph. libyca* Ehrb. *partim* = *Amph. abbreviata* Bleisch).

PUY-DE-DÔME. *Fossile :* Ceyssat; Ponteix; Creux Mortier; la Cassière; Rouilhas-Bas. — *Vivant :* Eaux minérales de Gimeaux *(F. Hardouin)*. Mare d'eau douce, près de Lezoux, sur *Ceratophyllum submersum* (!). Sondage du lac d'Aydat *(Ch. Bruyant)*.

CANTAL. Eaux minérales de Vic-sur-Cère; Maurs; bords du Lot, à Saint-Projet (!).

Hab. Assez répandu sur les plantes aquatiques de la plaine. Eaux douces ou minérales.

Amph. Proteus Greg. (A. S. Atl. pl. 27, fig. 2 à 6).

PUY-DE-DÔME. *Fossile :* Dépôt de Ponteix. R.

Amph. Ergadensis Greg. ? (Greg. D. C. pl. 4, fig. 71).

PUY-DE-DÔME. Eaux minérales de Saint-Nectaire (*Max. Roux*). R.

Amph. hyalina Ktz. (A. S. Atl. pl. 26, fig. 52 à 55).

PUY-DE-DÔME. Fossés vaseux, à Lussat *(Lastiolas)*. Fossés du marais de Marmillat, près de Clermont (!).

Hab. Eaux stagnantes de la plaine. R.

GENRE **Cymbella** AG. 1830.

GROUPE DES NAVICULACÉES.

Cymb. Ehrenbergii Greg. (A. S. Atl. pl. 9, fig. 6 à 9).

PUY-DE-DÔME. *Fossile :* Dépôt de Saint-Saturnin. — *Vivant :* Effiat, près d'Aigueperse; Orcival; Bellerive; lac de Chambédaze; lac d'Aydat (!). Gour de Tazanat *(Desnier)*.

CANTAL. Le Lioran; Salers; la Vigerie; Saint-Simon (!).

Hab. Lacs, tourbières, eaux vives ou stagnantes de la plaine et de la montagne. AC.

Var. **minor** V. H. (V. H. S. pl. 2, fig. 2).
PUY-DE-DÔME. *Fossile :* Dépôt de Ponteix. R.

Cymb. cuspidata Ktz. (V. H. S. pl. 3, fig. 3).
PUY-DE-DÔME. *Fossile :* Dépôt de Rouilhas-Bas. — *Vivant :* Lac d'Aydat; lac Servière; lac de la Landie (!). Mont-Dore (*W. Smith*). Sondage du lac Pavin (*Ch. Bruyant* et *P. Gautier*).
CANTAL. Saint-Flour; Mauriac; vallée de Fontanges (!).
Hab. Sources vives, lacs, tourbières, cascades et Mousses humides des hautes vallées. AR.

Cymb. naviculiformis Auersw. (V. H. S. pl. 2, fig. 5).
PUY-DE-DÔME. *Fossile :* Ponteix; les Queyrades n°s 1 et 2; la Cassière; Rouilhas-Bas. — *Vivant :* Lac Guéry; lac de Laspialade; lac des Esclauses (!).
CANTAL. Lac de la Crégut; Saint-Urcize (!).
Hab. Tourbières, lacs et cascades des montagnes. AR.

Cymb. amphicephala Næg. (V. H. S. pl. 2, fig. 6).
PUY-DE-DÔME. *Fossile :* Pré Cohendy; Rouilhas-Bas; Saint-Saturnin. — *Vivant :* Lac d'Aydat (!). R.

Cymb. subæqualis Grun. (V. H. S. pl. 3, fig. 2).
PUY-DE-DÔME. Tourbières de Vassivière; lac Chauvet; marais de la Croix-Morand (!).
CANTAL. Lac de la Crégut; prairies de Saint-Urcize (!).
Hab. Eaux vives; marais et tourbières de la région montagneuse. AR.
Dans la liste générale des Diatomées françaises de M. H. Peragallo, ce *Cymbella* n'est signalé qu'en Belgique.

Cymb. obtusa Greg. (A. S. Atl. pl. 9, fig. 41 à 47).
PUY-DE-DÔME. *Fossile :* Dépôt du Creux Mortier. R.

Cymb. pusilla Grun. (V. H. S. pl. 3, fig. 5).

PUY-DE-DÔME. Source minérale de Saint-Floret.

Hab. Eaux minérales de la plaine. R.

Espèce nouvelle pour la France.

Cymb. lævis Næg. (V. H. S. pl. 3, fig. 7 = *Cymb. gracilis* Ehrb. var.).

CANTAL. Base du puy Mary; pente nord du Plomb (!).

Hab. Marais tourbeux, cascades, Mousses humides et lacs des montagnes. R.

Cymb. affinis Ktz. (V. H. S. pl. 2, fig. 19).

PUY-DE-DÔME. *Fossile :* Randanne; Saint-Saturnin; Champeix; Rouilhas-Bas. — *Vivant :* Le Buisson *(Max. Roux)*. Ambert; lac d'Aydat; Villars ; Riom (!).

CANTAL. Le Lioran *(J. Brun)*. Dienne; Saint-Flour (!).

Hab. Tourbières; rochers humides, étangs, ruisseaux; en plaine et en montagne. AC.

Cymb. leptoceras (Ehrb.?) Ktz. (V. H. S. pl. 2, fig. 18).

PUY-DE-DÔME. *Fossile :* Dépôt de Ceyssat. — *Vivant :* Eaux minérales de Gimeaux *(F. Hardouin)*.

CANTAL. — Arpajon *(J. Brun)*.

Hab. Souvent mêlé à l'espèce précédente dont il diffère peu. AR.

Obs. — Dans le dépôt de Saint-Saturnin, on trouve une forme intermédiaire entre le *Cymb. affinis* et le *Cymb. leptoceras*, confirmant ainsi l'opinion de quelques auteurs qui ne voient dans le *Cymb. leptoceras* qu'une variété du *Cymb. affinis*.

A propos du *Cymb. leptoceras*, il convient de faire observer que Kützing semble avoir pris plaisir à donner les noms attribués par Ehrenberg à des formes tout à fait différentes de celles désignées et dessinées par cet auteur. Ainsi, par exemple, dans sa *Microgéologie*, Ehrenberg donne 19 figures du *Cocconema lep-*

toceras qui, presque toutes, représentent une forme moyenne allongée pouvant se rapporter au *Cymb. helvetica* de Ktz., tandis que Kützing donne, sous le nom de *Cymb. leptoceras* Ehrb., une forme petite qui a conservé ce nom depuis. C'est la forme désignée ici sous le nom de *Cymb. leptoceras* Ktz.

Cymb. norvegica Grun. (A. S. Atl. pl. 10, fig. 41).

PUY-DE-DÔME. *Fossile :* Vassivière; Ponteix. R.

Ce *Cymbella* est nouveau pour la flore française.

Cymb. alpina Grun. (A. S. Atl. pl. 71, fig. 44 et 45).

PUY-DE-DÔME. Ambert, sur *Hypnum fluitans;* sommet de Pierre-sur-Haute, sur *Hypnum sarmentosum* (!). Eaux minérales de Gimeaux *(F. Hardouin).*

CANTAL. Base du puy Mary; Salers; prairies de Prat-de-Bouc (!).

Hab. Tourbières des hauts plateaux, cascades, lacs. R.

Obs. — La présence du *Cymb. alpina*, dans les eaux minérales de Gimeaux, est très remarquable au point de vue général de la géographie botanique.

Cymb. microcephala Grun. (V. H. S. pl. 8, fig. 36 à 39).

PUY-DE-DÔME. Etang de Chancelade *(Montel).* Lac de Laspialade (!). Cascade de Sainte-Elisabeth, près de Latour-d'Auvergne *(Paillarse).*

CANTAL. Dienne; Neussargues; Aurillac (!).

Hab. Eaux vives ou stagnantes de la région montagneuse. AC.

Cymb. anglica Lag. (V. H. S. pl. 2, fig. 4).

PUY-DE-DÔME. *Fossile :* Rouilhas-Bas; Ponteix. — *Vivant:* Sondage du lac d'Aydat *(Ch. Bruyant).* AR.

Ce *Cymbella* a été trouvé à Moulins (Allier), par M. le chanoine Durin.

Cymb. delecta A. Schm. (A. S. Atl. pl. 9, fig. 18).
PUY-DE-DÔME. *Fossile:* Dépôt de Ponteix. RR.
Espèce nouvelle pour la flore française.

Cymb. turgidula Grun. (A. S. Atl. pl. 9, fig. 23 à 26).
PUY-DE-DÔME. *Fossile :* Ceyssat; Saint-Saturnin; Ponteix. R.

CANTAL. *Fossile :* Dépôt de Joursac. R.
Cymb. stomatophora Grun. (A. S. Atl. pl. 10, fig. 28 à 30).
PUY-DE-DÔME. Aigueperse; Pontgibaud (!).
Hab. Etangs, fossés, ruisseaux de la plaine. R.

GROUPE DES COCCONÉMÉES.

Cymb. gastroides Ktz. (V. H. S. pl. 2, fig. 8).
PUY-DE-DÔME. *Fossile :* Ponteix; Saint-Saturnin. — *Vivant :* Lac des Esclauses; lac Pavin; Orcival (!).
CANTAL. Ruisseau des Roques, près de Saint-Santin (!).
Hab. Sur les Algues et autres plantes aquatiques; à toutes les altitudes. AC.

Var. **minor** Ktz. (V. H. S. pl. 2, fig. 9).
PUY-DE-DÔME. *Fossile :* Dépôts de Rouilhas-Bas et de Saint-Saturnin. R.

Obs. — On trouve, dans le dépôt de Saint-Saturnin, une forme intermédiaire entre le type et sa variété *minor*.

Cymb. lanceolata Ehrb. (V. H. S. pl. 2, fig. 7).
PUY-DE-DÔME. *Fossile :* Ceyssat; Ponteix; Saint-Saturnin. — *Vivant :* Bellerive; Effiat; Lezoux; tourbières de Vassivière; lac Pavin; lac Guéry (!). Cascade de Sainte-Elisabeth, près de Latour-d'Auvergne *(Paillarse)*. Son-

dage du lac d'Aydat *(Ch. Bruyant)*. Saint-Germain-Lembron *(Max. Roux)*.

Cantal. *Fossile :* Dépôt de Joursac. — *Vivant :* Aurillac; Saint-Jacques-des-Blats (!).

Hab. Espèce assez fréquente dans les eaux de la plaine et des montagnes, surtout dans les lacs et les tourbières.

Var. **W. Sm.** (A. S. Atl. pl. 10, fig. 1).

Puy-de-Dôme. *Fossile :* Ponteix; Rouilhas-Bas. R.

Cymb. aspera Ehrb. (Pl. III, fig. 10).

Cette belle espèce se distingue du *Cymb. lanceolata*, auquel certains auteurs la rapportent comme variété, par ses dimensions toujours plus grandes; par les stries plus nettement perlées, n'atteignant pas le raphé et donnant naissance, de chaque côté de cette ligne, à une bande hyaline de 5 à 6μ de largeur. Longueur 220 à 230μ. On compte 8 à 9 stries en 10μ.

Puy-de-Dôme. *Fossile :* Randanne; Champeix; Verneuge; les Queyrades n°s 1 et 2; Pré Cohendy; Rouilhas-Bas; Saint-Saturnin; Ceyssat; Varennes n°s 1 et 2; Ponteix. — *Vivant :* Narse de la Cassière; grotte de Saint-Floret (!). Cascade de Sainte-Elisabeth *(Paillarse)*. Le Buisson; Manglieu *(Max. Roux)*.

Cantal. Saint-Flour; bords de la Truyère, sous le pont de Garabit; Aurillac; Massiac (!). Allanche; tourbières du Cézallier *(Biélawski)*.

Hab. Lacs, tourbières et cascades de la région montagneuse. AC.

Cymb. cymbiformis Ehrb. (V. H. S. pl. 2, fig. 11).

Puy-de-Dôme. *Fossile :* Ceyssat; Rouilhas-Bas; Creux Mortier; les Queyrades n° 2. — *Vivant :* Villars; lac de Laspialade; lac d'Aydat; lac Pavin; lac Guéry (!). Gour de Tazanat; eaux minérales de Gimeaux *(F. Hardouin)*. Etang de Chancelade *(Montel)*. Sondage du lac d'Aydat

(Ch. Bruyant). Pionsat; le Buisson; Issoire; Coudes *(Max. Roux)*.

CANTAL. *Fossile :* Dépôt de Joursac. — *Vivant :* Arpajon; Murat *(J. Brun)*. Boisset; Montmurat; étang du Trioulou, près de Saint-Constans (!).

Hab. Répandu dans tous les lacs et les eaux stagnantes.

Cymb. parva W. Sm. (V. H. S. pl. 2, fig. 14 = *Cymb. cymbiformis* Ehrb. var.).

PUY-DE-DÔME. *Fossile :* Saint-Saturnin ; Ceyssat. — *Vivant :* Source minérale de Saint-Floret (!). Saint-Nectaire *(Max. Roux)*.

Hab. Sources minérales de la plaine et de la montagne; rarement dans les eaux douces. R.

Cymb. Pauli M. Perag. et F. Hérib. *nov.* (Pl. III, fig. 11).

Longueur 50µ. Dos fortement et très régulièrement courbé, sur une longueur de 1/4 de circonférence environ; ventre droit ou très légèrement concave et un peu renflé au milieu. Raphé fortement et régulièrement cintré, divisant la valve en deux parties sensiblement égales; extrémités très faiblement récurvées. Stries atteignant presque le raphé et ne laissant qu'un petit espace hyalin autour du nodule central. Se distingue du *Cymb. maculata* par son dos qui est plus régulièrement courbé; par ses extrémités moins épaisses et qui ne sont ni prolongées ni recourbées.

PUY-DE-DÔME. *Fossile* : Dépôt de Ceyssat. AC.

Obs. — Ehrenberg paraît avoir vu cette espèce dans le même dépôt, mais il l'a confondue avec le *Cymb. Cistula* Hempr.; il a désigné les deux formes sous le nom de *Cocconema fusidium.*

Cymb. Cistula Hempr. (V. H. S. pl. 2, fig. 12 = *Cymb. minor* Ag.).

PUY-DE-DÔME. *Fossile :* Randanne ; la Cassière; Champeix; Rouilhas-Bas; Olby; Ponteix; Saint-Saturnin; Creux Mortier. — *Vivant :* Lac Pavin; lac d'Aydat; lac Chambédaze; étang Gaubert, près de Lezoux; Effiat; Ambert; Orcines; petit bassin du Pensionnat des Frères de Clermont (!). Saint-Babel; Vic-le-Comte; Champeix *(Max. Roux).* Etang de Chancelade *(Montel).* Thiers *(Arbost).*

CANTAL. Sansac; les Quatre-Chemins, près d'Aurillac; Salers (!). Tourbières du Cézallier *(Biélawski).* Ruisseau de la Tuile, près de Chavagnac *(Séchiroux).*

Hab. Eaux vives ou stagnantes; cascades, ruisseaux. C.

Var. **fusidium** (Ehrb.?) M. Perag. et F. Hérib. (Pl. III, fig. 12).

Plus bombé et plus fortement gibbeux du côté ventral que le type; ressemble à la forme représentée par Ad. Schmidt Atl. pl. 10, fig. 4, mais plus petit. Nodules terminaux très visibles; granules caractéristiques souvent peu marqués.

PUY-DE-DÔME. *Fossile :* Dépôt de Ceyssat. AC.

Var. **A. Sch.** (A. S. Atl. pl. 11, fig. 24).

CANTAL. Salers; lac de la Crégut (!). R.

Cymb. maculata Ktz. *nec.* Bréb. (V. H. S. pl. 2, fig. 16 = *Cymb. variabilis* Wartm.).

PUY-DE-DÔME. *Fossile :* Ponteix; Randanne; les Queyrades n° 2; Saint-Saturnin. — *Vivant :* Le Buisson *(Max. Roux).* Lac Guéry; lac Chauvet; lac de la Landie; fontaine d'Amboise, à Clermont; sources de Fontanat (!). Sondage du lac d'Aydat *(Ch. Bruyant).*

CANTAL. Arpajon *(J. Brun).* Etang du Trioulou, près de Saint-Constans; le Rouget (!).

Hab. Eaux vives, stagnantes ou courantes, grands lacs, à toutes les altitudes. AC.

Obs. — Le *Cymbella maculata* du sondage du lac d'Aydat n'est pas exactement le type de Kützing; c'est plutôt une forme intermédiaire entre le *Cymb. maculata* et le *Cymb. Cistula.*

Forma **curta** Grun. (V. H. S. pl. 2, fig. 17).

PUY-DE-DÔME. *Fossile :* Dépôt de Randanne. AC.

Cymb. tumida Bréb. (V. H. S. pl. 2, fig. 10).

PUY-DE-DÔME. Laisses de l'Allier, sous Mezel; le Cendre *(Max. Roux)*. Pont-de-Dore; Courpière (!). Sondage du lac d'Aydat *(Ch. Bruyant)*.

CANTAL. Massiac; Saint-Mamet; Mauriac (!).

Hab. Etangs, fossés, bords des cours d'eau peu rapides; sur les plantes aquatiques. AR.

Cymb. helvetica Ktz. (V. H. S. pl. 2, fig. 15).

PUY-DE-DÔME. *Fossile :* Ceyssat; Randanne; Creux Mortier; les Queyrades n° 2; Ponteix; Saint-Saturnin. — *Vivant :* Lac d'Aydat; lac Servière; lac Chauvet; tourbières de Vassivière et de Saint-Genès-Champespe (!). Eaux minérales de Gimeaux *(F. Hardouin)*.

CANTAL. Pente nord du Plomb; base du puy Violent; marais tourbeux, près de Saint-Urcize (!).

Hab. Eaux siliceuses ou calcaires de la plaine; tourbières des hauts plateaux; lacs et cascades de la région montagneuse. AR.

GENRE **Encyonema** KTZ. 1833.

Enc. prostratum (Berk.) Ralfs (V. H. S. pl. 3, fig. 9 à 11 = *Enc. maximum* Wartm.).

PUY-DE-DÔME. Saint-Nectaire; Manglieu *(Max. Roux)*. Lac d'Aydat; lac Guéry; lac Montcineyre; eaux minérales de Sainte-Marguerite (!).

CANTAL. Lac de la Crégut (!). Tourbières du Cézallier *(Biélawski)*.

Hab. Lacs et tourbières des hauts plateaux; eaux stagnantes de la plaine. AC.

Enc. turgidum (Greg.) Grun. (V. H. S. pl. 3, fig. 12).

PUY-DE-DÔME. Bords de l'Allier, à Mezel; Médagues; ruisseau de Fontanat (!).

CANTAL. Massiac; Aurillac; Maurs (!).

Hab. Sur les plantes aquatiques; bords des étangs, lacs, fossés. AR.

Enc. cæspitosum Ktz. (V. H. S. pl. 3, fig. 14 = *Enc. Auerswaldi* Rab.)

PUY-DE-DÔME. *Fossile :* Dépôt de Vassivière. — *Vivant :* Le Buisson *(Max. Roux)*. Lac d'Aydat; lac Pavin; lac Guéry; Villars; eaux minérales de Sainte-Marguerite (!). Gour de Tazanat *(F. Hardouin)*. Sondage du lac d'Aydat *(Ch. Bruyant)*.

CANTAL. Salers; ruisseau des Roques, près de Saint-Santin-de-Maurs (!). Arpajon *(J. Brun)*.

Hab. Ruisseaux, lacs et cascades des montagnes; étangs et fossés de la plaine. C.

Var. **lata** V. H. (V. H. S. pl. 3, fig. 13).

PUY-DE-DÔME. Fontaine de la place Delille et bassin du Jardin des Plantes, à Clermont. R.

Enc. Pediculus Ktz. (V. H. S. pl. 3, fig. 14 = *Enc. cæspitosum* var.).

PUY-DE-DÔME. Sommet de Pierre-sur-Haute (!).

CANTAL. Salers; le Falgoux; lac de Menet (!).

Hab. Marais tourbeux, lacs, rochers humides et cascades des montagnes. AR.

Enc. ventricosum Ktz. (A. S. Atl. pl. 10, fig. 59).

PUY-DE-DÔME. *Fossile :* Randanne; Ceyssat; Olby; les Queyrades n° 2; Pré Cohendy; Rouilhas-Bas; la Cassière; Creux Mortier. — *Vivant :* Le Buisson; Coudes; Issoire

(Max. Roux). Lac Pavin; lac d'Aydat; lac de la Landie; Villars; fontaine de la place Delille, à Clermont; Pierre-sur-Haute; Sainte-Marguerite (!).

CANTAL. Bords du Célé, à Saint-Constans; Boisset; Leynhac; Saint-Flour (!).

Hab. Espèce répandue sur les plantes aquatiques des eaux stagnantes.

Var. **minuta** Hilse (V. H. S. pl. 3, fig. 17).

PUY-DE-DÔME. Le Buisson *(Max. Roux).* Fontaine de la place Delille, à Clermont; bords de l'Allier, à Coudes (!).

CANTAL. Arpajon; Velzic; Saint-Simon (!). AR.

Var. **excisa** M. Perag. et F. Hérib. *nov.*

Diffère des variétés connues de l'*Enc. ventricosum,* en ce que la face ventrale, au lieu d'être légèrement convexe ou absolument rectiligne, présente une légère dépression vers le milieu, dont la direction générale est rectiligne.

PUY-DE-DÔME. Clermont, fontaine de la place Delille; Durtol; Royat (!). R.

Enc. gracile (Ehrb.?) Rab. (A. S. Atl. pl. 10, fig. 36 et 37).

PUY-DE-DÔME. *Fossile :* Vassivière; les Queyrades n° 1; Ponteix. — *Vivant :* Eaux minérales de Gimeaux (!).

CANTAL. Lac de la Crégut; ruisseau des Roques, près de Saint-Santin (!).

Hab. Eaux stagnantes et ruisseaux de la plaine; lacs des montagnes. AC.

Var. **lunata** W. Sm. (V. H. S. pl. 3, fig. 23).

PUY-DE-DÔME. Lac d'Aydat; lac inférieur de la Godivelle (!). R.

Forma **minor** Grun. (V. H. S. pl. 3, fig. 22).

PUY-DE-DÔME. *Fossile :* Dépôt de Randanne. AR.

Enc. lunula Grun. (A. S. Atl. pl. 10, fig. 42).

PUY-DE-DÔME. *Fossile :* Vassivière; Saint-Saturnin; Ponteix. — *Vivant :* Saint-Nectaire *(Max. Roux)*. Mont-Dore *(W. Smith)*. Sommet de Pierre-sur-Haute (!).

CANTAL. Albepierre; Saint-Jacques-des-Blats (!).

Hab. Marais tourbeux, cascades des hautes vallées. AR.

Var. **A. Sch.** (A. S. Atl. pl. 71, fig. 14).

PUY-DE-DÔME. Clermont, fontaine de la place Delille; étang, près de Lezoux (!). R.

4e TRIBU. — NAVICULÉES.

GENRE **Stauroneis** EHRB. 1843.

St. Phœnicenteron Ehrb. (V. H. S. pl. 4, fig. 2).

PUY-DE-DÔME. *Fossile :* Ceyssat; Vassivière; Randanne; la Cassière; les Queyrades n° 2; Rouilhas-Bas; Pré Cohendy; Ponteix; Varennes n° 2; Creux Mortier; Saint-Saturnin. — *Vivant :* Job, près d'Ambert; Saint-Genès-Champespe; lac d'Aydat; Narse de la Cassière (!). Champeix; Saint-Babel *(Max. Roux)*. Tazanat *(Desnier)*.

CANTAL. Allanche *(Biélawski)*. Saint-Jacques-des-Blats; Ruines; Neussargues (!).

Hab. Cette belle espèce est assez fréquente dans toutes les eaux limoneuses, mais rarement abondante.

Var. **gracilis** J. Br. et M. Perag. *nov.*

Forme grêle, à striation fine; stauros s'étendant jusqu'au bord de la valve.

PUY-DE-DÔME. *Fossile :* Ponteix; Vassivière; Rouilhas-Bas. AR.

Var. **lanceolata** J. Br. forma **major** *nov.*

Analogue à la figure 5, pl. 9, des Diat. des Alp. et du Jura de J. Brun, mais plus grand, atteignant jusqu'à 250μ. Cette grande forme rappelle le *St. Pteroides* Ehrb., signalé par cet auteur dans presque tous les dépôts d'eau douce, et dont la description est d'ailleurs très vague.

Puy-de-Dôme. *Fossile :* Rouilhas-Bas; les Queyrades n° 2, où il abonde.

Forma **crassa** M. Perag. et F. Hérib. *nov.*

Variation trapue, plus courte et plus large que le type.

Puy-de-Dôme. *Fossile :* Dépôt de Rouilhas-Bas. — *Vivant :* Sondage du lac d'Aydat *(Ch. Bruyant).* AC.

St. gracilis W. Sm. (J. Br. D. A. J. pl. 9, fig. 6).

Puy-de-Dôme. *Fossile :* Dépôt de Rouilhas-Bas. — *Vivant :* Etang, près de Lezoux; fossés du marais de Marmillat (!).

Hab. Eaux stagnantes : lacs, étangs, fossés profonds de la Limagne R.

Obs. — Se distingue de la variété *gracilis* du *St. Phœnicenteron,* en ce que le stauros n'atteint pas le bord de la marge.

St. Bruni M. Perag. et F. Hérib. *nov.* (Pl. III, fig. 22).

Rappelant, comme forme, le *St. Phœnicenteron,* mais proportionnellement plus large. Longueur 115μ, largeur 38μ. Valves à extrémités atténuées et arrondies. Raphé s'élargissant entre les nodules centraux et terminaux. Stauros grand et évasé, atteignant presque le bord de la valve. Stries rayonnantes, nettement perlées, au nombre de 15 en 10μ. Sur la partie de la valve où aboutit le stauros, on voit quelques petites stries, de longueur inégale, irrégulièrement espacées et formées chacune de 2 à 5 perles. Silice jaune.

Puy-de-Dôme. *Fossile :* Creux Mortier; les Queyrades n° 2, où il est commun.

Cette espèce est dédiée à M. J. Brun, le savant professeur de Microscopie de la Faculté de Genève.

St. amphilepta Ehrb. (Pl. III, fig. 18).

Semblable au *St. Phœnicenteron* par la forme et le raphé bifide, mais il en diffère par la striation plus serrée (17 à 18 stries en 10μ, au lieu de 14). La longueur varie entre 88 et 108μ.

Rabenhorst identifie l'espèce d'Ehrenberg au *St. Phœnicenteron* forma *minor*, mais sans aucune indication concernant les stries.

Puy-de-Dôme. *Fossile* : Randanne; Saint-Loup; les Queyrades n° 2; Pré Cohendy. AR.

Espèce nouvelle pour la flore française.

St. gallica M. Perag. et F. Hérib. *nov.* (Pl. III, fig. 21).

Valve longuement lancéolée, à terminaisons très légèrement prolongées et largement arrondies. Des cloisons internes, produites par un ploiement des bandes connectives à l'intérieur de la valve, donnent parfois aux extrémités une apparence de petite tête fortement accentuée. Raphé formé d'une seule ligne; nodules terminaux très nets. Stries très délicates et fortement radiantes, laissant entre elles et le raphé un espace hyalin assez large, allant en croissant progressivement des extrémités au centre; deux stries inégales rendent le stauros linéaire et de largeur moyenne. Longueur 70 à 80μ, avec 19 à 20 stries en 10μ.

Puy-de-Dôme. *Fossile :* Dépôt des Queyrades n° 1. AR.

St. anceps Ehrb. (V. H. S. pl. 4, fig. 4 et 5).

Puy-de-Dôme. *Fossile :* La Cassière; Verneuge; Saint-Saturnin. — *Vivant :* Gour de Tazanat *(F. Hardouin).*

Pont-de-Dore *(Max. Roux)*. Etang Gaubert, près de Lezoux (!).

CANTAL. Tourbières du Cézallier *(Biélawski)*. Saint-Flour ; marais tourbeux près de Saint-Urcize (!).

Hab. Eaux stagnantes, lacs, étangs, fossés de la plaine; tourbières des hauts plateaux. AR.

Var. **amphicephala** Ktz. (V. H S. pl. 4, fig. 6).

PUY-DE-DÔME. *Fossile :* Dépôt de la Cassière. AR.

Var. **hyalina** M. Perag. et J. Br. *nov.* (Pl. III, fig. 19).

Forme remarquable, ressemblant au *St. crucicula* de W. Smith (B. D. pl. 19, fig. 192), mais se rattachant au *St. anceps* d'Ehrenberg, dont elle se distingue par les stries très difficilement visibles, même avec les meilleures lentilles à immersion.

PUY-DE-DÔME. *Fossile :* Dépôt de Rouilhas-Bas. R.

St. acuta W. Sm. (V. H. S. pl. 4, fig. 3).

PUY-DE-DÔME. *Fossile :* La Cassière; Varennes n° 1; Creux Mortier; les Queyrades n° 2; Saint-Saturnin. — *Vivant :* Etang de Chevalet, près de Charensat *(Montel)*.

CANTAL. Neussargues; lac de Menet; Saint-Flour (!).

Hab. Lacs, étangs, marais tourbeux, fossés ; en plaine et en montagne. AR.

St. acutiuscula M. Perag. et F. Hérib. *nov.* (Pl. III, fig. 20).

Conformation générale du *St. acuta*, mais beaucoup plus petit, ayant à peine 22μ de longeur; stauros proportionnellement plus large et moins évasé; stries rectilignes, fines, mais bien nettes, au nombre de 20 en 10μ. — Espèce bien distincte.

PUY-DE-DÔME. *Fossile :* Dépôt du Creux Mortier. AR.

St. platystoma Ehrb. (Cl. et Grun. Arct. Diat. pl. 3, fig. 61).

Puy-de-Dôme. *Fossile :* Dépôt de Saint-Saturnin. — *Vivant :* Etang Gaubert, près de Lezoux ; Maringues (!). Vic-le-Comte *(Max. Roux)*.

Cantal. Pleaux; Mauriac; lac de Madic; Marcolès (!).

Hab. Eaux stagnantes de la plaine; étangs, fossés. R.

St. Mesopachya Ehrb. (Microgéol. pl. 15, fig. 26).

Tout à fait conforme à la figure d'Ehrenberg. Longueur 75μ, avec 18 stries en 10μ. Analogue au *St. platystoma*, mais moins large et à striation beaucoup plus nette.

Puy-de-Dôme. *Fossile :* La Cassière; Creux Mortier. AC.

Espèce nouvelle pour la flore française.

St. dilatata W. Sm. (Br. D. A. J. pl. 9, fig. 9).

Puy-de-Dôme. Mont-Dore *(W. Smith)*. Gour de Tazanat *(F. Hardouin)*. Laqueuille ; sommet de Pierre-sur-Haute (!).

Hab. Eaux stagnantes; à toutes les altitudes. R.

St. scotica A. Sch. (A. S. Atl. pl. 48, fig. 9 à 11).

Puy-de-Dôme. Indiqué dans les dépôts d'Auvergne, par MM. P. Petit et Ludeuger-Fortmorel.

St. Legumen Ehrb. (V. H. S. pl. 4, fig. 11).

Puy-de-Dôme. Fossés vaseux, à Lussat *(Lastiolas)*.

Hab. Eaux stagnantes de la plaine. R.

St. smithii Grun.? (V. H. S. pl. 4, fig. 10 = *St. linearis* W. Sm.).

Cantal. Base du puy Mary; cascade de Saint-Paul, près de Salers (!).

Hab. Eaux vives des hautes montagnes. RR.

GENRE **Mastogloia** THW. 1848.

Mast. Dansei Thw. (V. H. S. pl. 4, fig. 18).
PUY-DE-DÔME. Eaux minérales de Saint-Nectaire (!).
CANTAL. Eaux minérales de Vic-sur-Cère (!).
Hab. Sources minérales de la région montagneuse. R.

Mast. Smithii Thw. (V. H. S. pl. 4, fig. 13).
PUY-DE-DÔME. Lac d'Aydat; cascade la Dore, au Mont-Dore ; lac des Esclauses (!).
Hab. Grands lacs, cascades des hautes vallées. R.

GENRE **Navicula** BORY 1822.

GROUPE DES PINNULARIÉES.

Nav. nobilis Ehrb. (V. H. S. pl. 5, fig. 2).
PUY-DE-DÔME. *Fossile :* Verneuge; Rouilhas-Bas; les Queyrades nos 1 et 2; Ponteix; Ceyssat; Saint-Saturnin; Saint-Loup. — *Vivant :* Fontaine-du-Berger; Tazanat; Ambert; Saint-Genès-Champespe; Compains; Valbeleix; Mont-Dore (!). Murols; lac Chambon *(Max. Roux)*.
CANTAL. Saint-Jacques-des-Blats; le Falgoux; Dienne; Saint-Flour (!). Allanche *(Biélawski)*.
Hab. Eaux stagnantes de la plaine; tourbières et lacs des montagnes. AC.

Var. **gracilis** M. Perag. et F. Hérib. *nov.*
Cette forme ne se distingue du type que par sa longueur moindre; elle atteint à peine 280μ; largeur normale.
PUY-DE-DÔME. *Fossile :* Dépôt de Ponteix. R.

Nav. gentilis Donk. (A. S. Atl. pl. 42, fig. 2).

PUY-DE-DÔME. *Fossile* : Les Queyrades n°s 1 et 2; Rouilhas-Bas; Ponteix; Verneuge; Creux Mortier; Ceyssat; Saint-Loup; Pré Cohendy. AR.

Obs. — Dans le dépôt des Queyrades n° 2, on trouve une forme intermédiaire entre les *Nav. nobilis* et *gentilis*.

Nav. Dactylus Ehrb. (V. H. S. pl. 5, fig. 1).

PUY-DE-DÔME. *Fossile* : Rouilhas-Bas; Randanne. — *Vivant* : Lac Guéry; lac de la Landie (!).

Hab. Grands lacs des montagnes. R.

Nav. gigas Ehrb. (Micr.) var. **gracilis** *nov.*

Forme intermédiaire entre le type d'Ehrenberg et le *Nav. transversa* A. Sch. (A. S. Atl. pl. 43, fig. 5 et 6). Longueur 290μ, avec 6 côtes en 10μ.

PUY-DE-DÔME. *Fossile* : Dépôt de Verneuge. R.

Nav. aquitaniæ J. Br. et F. Hérib. *nov.* (Pl. II, fig. 4).

Face valvaire elliptique-lancéolée, allongée, à flancs continus (fig. 4. *b*), ou plus ou moins renflés au centre et vers les bouts. (Var. *undulata*, fig. 4. *a*). Longueur 170 à 240μ. Largeur 34 à 45μ. Terminaisons coniques. Raphé bifide, excepté au centre, où il est oblique vers le nodule, ainsi qu'aux deux bouts, où il s'infléchit latéralement dans le même sens et s'y termine en hameçon. Stries rubanées, ondulées-pontuées, finement bosselées, au nombre de 9 à 12 en 10μ. Ces stries sont rayonnantes vers le centre et convergentes vers les cônes terminaux, où elles se relèvent en se courbant en crochets près du raphé. Une large area occupe environ le tiers de la largeur valvaire. Cette area reste parallèle à la marge, excepté autour du nodule médian, où elle se dilate. Une série caractéristique de pseudostries, courtes et atrophiées, forme, parallèlement au raphé, une zone un peu nébuleuse de silice épaisse, assez nettement visible et qui reste distante des vraies stries.

Espèces affines. — Le *Nav. Esox* Ehrb. (Pl. IV, fig. 4) a les stries lisses ; les terminaisons évasées, largement tronquées et munies d'une frange de très courtes stries ; quant au *Nav. Esox* de O'Meara (Pl. 31, fig. 33, page 369) il doit être autre chose. — Le *Nav. halionata* de Pantocsek (Pl. 1, fig. 12 et Pl. 12, fig. 211) s'en éloigne par ses stries de *Pinularia*, et par son raphé linéaire et incurvé aux deux bouts dans des sens opposés. Enfin le *Nav. permagna* de Gréville (M. J. Pl. 12, fig. 18 à 21. — 1866), bien qu'il ait quelquefois une forme analogue à notre var. *undulata*, n'appartient pas au même groupe.

PUY-DE-DÔME. Dépôt marin du puy de Mur, où il en constitue une des espèces typiques.

Nav. Dariana A. Sch. (A. S. Atl. pl. 4, fig. 25).

PUY-DE-DÔME. *Fossile :* Dépôt des Queyrades n° 2. R.

Nav. Esox Ehrb. et Donk. (Pl. IV, fig. 4).

PUY-DE-DÔME. *Fossile :* Rouilhas-Bas ; Verneuge. R.

Diffère du *Nav. major* Ktz. par ses terminaisons atténuées, munies d'une frange de très courtes stries et par les stries voisines des deux extrémités qui se prolongent jusqu'au raphé.

Ces deux dernières espèces sont nouvelles pour la flore française.

Nav. major Ktz. (V. H. S. pl. 5, fig. 3 et 4).

PUY-DE-DÔME. *Fossile :* Saint-Saturnin ; Ceyssat ; Olby ; la Cassière ; Rouilhas-Bas ; Vassivière ; Randanne ; Pré Cohendy ; Champeix ; Varennes n° 1 ; Saint-Loup ; les Queyrades n°s 1 et 2. — *Vivant :* Lac d'Aydat ; Ambert ; Job ; Laqueuille ; Pontgibaud (!). Murols ; source vive, près de Champeix *(Max. Roux)*.

CANTAL. Salers; Saint-Flour; Aurillac; Vic-sur-Cère; lac de Menet; Saint-Jacques-des-Blats; Ruines (!). Tourbières du Cézallier *(Biélawski)*.

Hab. Lacs, marais tourbeux, fossés ; çà et là à toutes les altitudes, mais jamais abondant.

Var. **horrida** M. Perag. et F. Hérib. *nov.* (Pl. IV, fig. 3).

Cette forme remarquable ressemble beaucoup à la figure 17, planche 42, de l'Atlas de Ad. Schmidt, mais elle s'en distingue en ce que l'area, au lieu d'être simplement sablée, porte de fortes épines.

PUY-DE-DÔME. *Fossile :* Dépôt de Varennes n° 1. R.

Var. **interrupta** M. Perag. et F. Hérib. *nov.*

Semblable à la fig. 10 de la pl. 42 de l'Atlas Ad. Schmidt, mais auquel il manque une ou deux côtes médianes de chaque côté.

PUY-DE-DÔME. *Fossile :* Dépôt de Ponteix. AR.

Nav. Porrecta Ehrb. Var.? (Micr. pl. 5, fig. 14).

Intermédiaire entre le *Nav. major* et la fig. 14 d'Ehrenberg, désignée ci-dessus.

PUY-DE-DÔME. *Fossile :* Dépôt de Varennes n° 1. R.

Ce *Navicula* est nouveau pour la France.

Nav. viridis Ktz. (V. H. S. pl. 5, fig. 5).

PUY-DE-DÔME. *Fossile :* La Cassière; Ceyssat; Pré Cohendy; Randanne; les Queyrades n°s 1 et 2; Rouilhas-Bas; Vassivière; Verneuge; Saint-Saturnin; Saint-Loup. — *Vivant :* Coudes; Saint-Néctaire; la Bourboule *(Max. Roux)*. Lac d'Aydat; lac inférieur de la Godivelle; Pierre-sur-Haute; Ambert; Job; marais de la Croix-Morand; étang Gaubert, près de Lezoux (!). Eaux minérales de Gimeaux *(F. Hardouin)*. Sondage du lac Pavin *(Ch. Bruyant* et *P. Gautier)*.

CANTAL. Saint-Urcize; lac de la Crégut; lac de Menet; le Lioran; le Falgoux; Salers (!).

Hab. Eaux vives ou stagnantes, douces ou minérales; à toutes les altitudes. C.

Var. **commutata** Grun. (V. H. S. pl. 5, fig. 6).

PUY-DE-DÔME. *Fossile :* La Cassière; Rouilhas-Bas; les Queyrades n° 2; Pré Cohendy; Randanne; Verneuge; Creux Mortier; Saint-Saturnin. — *Vivant :* Plateau de Scey, près le Buisson *(Max. Roux)*. Eaux minérales de la Bourboule *(P. Petit)*. Sondage du lac d'Aydat *(Ch. Bruyant)*. AR.

Forma **curta** (A. S. Atl. pl. 42, fig. 19).

PUY-DE-DÔME. Source minérale de Saint-Floret (!). R.

Obs. — Dans les eaux minérales de Saint-Floret, on trouve une variété du *Nav. viridis* à flancs moins droits que le type, se rapprochant de la forme figurée par Ad. Schmidt, pl. 42, fig. 22, mais elle est encore plus accuminée et munie d'un plus large espace hyalin.

Nav. rupestris Ktz. (A. S. Atl. pl. 45, fig. 38 à 44).

PUY-DE-DÔME. *Fossile :* Ponteix; Randanne; Verneuge; les Queyrades n° 1; la Cassière; Varennes n° 3; Rouilhas-Bas; Pré Cohendy; Creux Mortier; Olby. — *Vivant :* Le Buisson *(Max. Roux)*. AR.

Nav. hemiptera Ktz. (A. S. Atl. pl. 43, fig. 26 et 27).

PUY-DE-DÔME. *Fossile :* Vassivière; Ponteix; Randanne. — *Vivant :* Job, près d'Ambert; narse d'Espinasse (!). Etang de Chevalet, près de Charensat *(Montel)*. Saint-Nectaire *(Max. Roux)*.

CANTAL. Saint-Jacques-des-Blats; Pleaux; Saint-Urcize; Saint-Flour (!) Allanche *(Biélawski)*.

Hab. Eaux vives ou stagnantes de la zone sous-alpine; rare en plaine. AR.

Var. **Bielawskii** F. Hérib. et M. Perag. *nov.* (Pl. IV, fig. 10).

Forme voisine de la figure 28, planche 43, de l'Atlas de Ad. Schmidt, mais dont elle diffère par ses côtes plus longues et par ses extrémités atténuées.

Puy-de-Dôme. *Fossile :* Dépôt des Queyrades n° 2. AR.

Cette Navicule est dédiée à M. Biélawski, auteur d'un travail récent sur les tourbières du Plateau Central.

Var. **A. Sch.** (A. S. Atl. pl. 43, fig. 28 !).

Puy-de-Dôme. *Fossile :* Dépôt de Varennes n° 1. R.

Nav. subacuta Ehrb. (A. S. Atl. pl. 43, fig. 31).

Puy-de-Dôme. *Fossile :* Dépôt de Ponteix. R.

Espèce nouvelle pour la flore française.

Nav. cardinalis Ktz. (A. S. Atl. pl. 44, fig. 1 et 2).

Puy-de-Dôme. *Fossile :* Ponteix ; les Queyrades n° 2. — *Vivant :* Tourbières de Vassivière ; Narse d'Espinasse (!).

Cantal. Tourbières du Cézallier *(Biélawski)*. Prairies marécageuses de Saint-Urcize ; la Gandillon, près de Dienne ; Ségur ; Mandaille (!).

Hab. Tourbières et marais des hauts plateaux. AR.

Nav. hybrida M. Perag. et F. Hérib. *nov.* (Pl. IV, fig. 9).

Valve bacillaire, à flancs rectilignes, à extrémités atténuées, prolongées et largement arrondies. Raphé mince ; nodule central petit ; nodules terminaux petits et appuyés contre les extrémités de la valve. Stries presque parallèles, n'atteignant pas le raphé, au nombre de 8 à 9 en 10μ. Espace hyalin fusiforme, large au centre et diminuant progressivement jusqu'aux extrémités. Longueur 80μ environ.

Puy-de-Dôme. *Fossile :* Dépôt des Queyrades n° 2. AR.

Nav. lata Bréb. (V. H. S. pl. 6, fig. 1 et 2 = *Nav. suecica* Ehrb.).

CANTAL. Rochers du Pas-de-Roland, sur Mousses humides; source vive, près du sommet du Plomb (!).

Hab. Rochers humides, lacs et cascades des hautes régions. R.

Var. **minor** M. Perag. et F. Hérib. *nov.* (Pl. IV, fig. 5).

Se distingue facilement du type par sa forme elliptique très arrondie, plus courte, et par ses côtes plus larges.

PUY-DE-DÔME. *Fossile :* Dépôt de Rouilhas-Bas. R.

Nav. humilis Donk. (V. H. S. Pl. 11, fig. 23).

PUY-DE-DÔME. Eaux minérales de Sainte-Marguerite (!). Sondage du lac d'Aydat *(Ch. Bruyant)*.

Hab. Eaux stagnantes, douces ou minérales. AR.

Nav. borealis (Ehrb.) Ktz. (V. H. S. pl. 6, fig. 3 = *Nav. latestriata* Greg.).

PUY-DE-DÔME. *Fossile :* Randanne; Olby; Rouilhas-Bas; Verneuge; la Cassière; Saint-Saturnin; Ponteix; Creux Mortier. — *Vivant :* Eaux minérales de la Bourboule *(P. Petit)*. Mont-Dore *(W. Smith)*. Ambert; Compains; marais de la Croix-Morand (!).

CANTAL. Farges, près de Murat *(Séchiroux)*. Chaudesaigues *(Brioude)*. Monts du Cézallier *(Biélawski)*. Saint-Urcize; rochers humides du Pas-de-Roland; cascade de Saint-Paul, près de Salers (!).

Hab. Tourbières, Mousses humides des cascades et des troncs d'abres de la région montagneuse. AR.

Var. **major** M. Perag. et F. Hérib. *nov.*

La longueur de cette belle forme peut atteindre jusqu'à 70μ, alors que le type en a à peine 50.

PUY-DE-DÔME. *Fossile :* Dépôt de Ponteix.

CANTAL. Cascade de Saint-Paul, près de Salers. AR.

Var. **minor** M. Perag. et F. Hérib. *nov.*

Forme très petite, atteignant à peine 20μ.

PUY-DE-DÔME. *Fossile :* Dépôt de Verneuge. AR.

Nav. gracillima Pritch. (V. H. S. pl. 6, fig. 24 = *Nav. tenuis* Greg.).

PUY-DE-DÔME. *Fossile :* Randanne ; les Queyrades n° 2 ; la Cassière ; Creux Mortier. — *Vivant :* Vallée de la Cour, au Mont-Dore (!). Eaux minérales de Gimeaux *(F. Hardouin).*

Hab. Çà et là à toutes les altitudes ; eaux vives ou stagnantes. AR.

Nav. notata M. Perag. et F. Hérib. (Pl. IV, fig. 11).

Espèce petite, bacillaire, étroite, très légèrement rétrécie au milieu, à extrémités coniques et arrondies. Stries fines, n'atteignant pas tout à fait le raphé et laissant, autour du nodule central, un espace hyalin assez grand qui se prolonge jusqu'au bord de la valve en un stauros évasé. Les stries sont radiantes au milieu de la valve et deviennent convergentes à l'endroit où la valve commence à se rétrécir ; celles qui limitent le raphé sont beaucoup plus fortes que les autres. Longueur 40 à 50μ, avec 10 à 11 stries en 10μ.

Espèce bien distincte.

PUY-DE-DÔME. *Fossile :* Dépôt de Randanne. AR.

Nav. longa Greg. (A. S. Atl. pl. 47, fig. 6).

PUY-DE-DÔME. Lac de Laspialade ; lac des Esclauses (!).

CANTAL. Lac de la Crégut ; marais tourbeux, près de Saint-Urcize (!).

Hab. Tourbières, lacs et cascades des montagnes. R.

Nav. costata Ehrb. *nec* Ktz. (Pl. IV, fig. 7).

Longueur 100 à 120μ, avec 2 1/2 côtes en 10μ.

PUY-DE-DÔME. *Fossile:* Dépôt de Randanne. R.

Cette belle espèce est nouvelle pour la flore française.

Obs. — Suivant son habitude, Kützing a donné le nom de *Nav. costata* à une forme tout à fait différente de celle d'Ehrenberg.

Nav. megaloptera Ehrb. (Pl. IV, fig. 6).

Espèce semblable à la précédente, mais plus petite et à côtes plus fines.

Longueur 60 à 80μ, avec 3 à 3 1/2 côtes en 10μ.

PUY-DE-DÔME. *Fossile :* Dépôt de Randanne. AC.

Ce *Navicula* est nouveau pour la France.

Nav. Brebissonii Ktz. (V. H. S. pl. 5, fig. 7).

PUY-DE-DÔME. *Fossile :* Vassivière ; la Cassière ; Saint-Saturnin. — *Vivant :* Marais tourbeux de la Croix-Morand ; lac des Esclauses ; source froide à Saint-Saturnin ; Ambert ; Job ; Fontanat ; eaux minérales de Sainte-Marguerite ; Laqueuille (!). Plateau de Secy, près le Buisson ; Sauxillanges *(Max. Roux)*. Lussat *(Lastiolas)*.

CANTAL. Neussargues *(Biélawski)*. Saint-Urcize ; Polmignac ; Arpajon ; Thiézac (!).

Hab. Canaux d'irrigation, fossés, marais, lacs, à toutes les altitudes, mais plus répandu en plaine. AC.

Var. **diminuta** Grun. (V. H. S. pl. 5, fig. 8).

PUY-DE-DÔME. Le Buisson ; Issoire *(Max. Roux)*. Bords de l'Allier, à Gondolle (!). R.

Var. **ovalis** H. Perag. (A. S, Atl. pl. 44, fig. 17).

PUY-DE-DÔME. Fossés, à Saint-Germain-Lembron *(Max. Roux)*. R.

Var. **subproducta** Grun. (V. H. S. pl. 5, fig. 9).

PUY-DE-DÔME. Le Buisson *(Max. Roux)*. R.

Var. **elongata** J. Br. et F. Hérib. *nov.*

Remarquable par sa forme à peine elliptique, et par ses flancs allongés.

PUY-DE-DÔME. *Fossile :* Dépôt de Vassivière. AR.

Nav. divergens W. Sm. (A. S. Atl. pl. 44, fig. 6 et 7).

PUY-DE-DÔME. *Fossile:* Saint-Saturnin; Vassivière. — *Vivant :* Mont-Dore (*W. Smith*). Eaux minérales de Sainte-Marguerite; source minérale du Salet, près de Courpière (!).

CANTAL. Sainte-Anastasie (*Biélawski*). Eaux minérales de Vic-sur-Cère; Maurs (!).

Hab. Lacs, étangs, eaux minérales de la plaine. AR.

Var. **undulata** M. Perag. et F. Hérib. *nov.* (Pl. IV, fig. 2).

S'éloigne du type de W. Smith par le nombre des stries (8 en 10μ, au lieu de 14 1/2); diffère des figures de l'Atlas de Ad. Schmidt, pl. 44, fig. 6 et 7, par sa longueur moindre (81μ), et surtout par l'ondulation légère de ses bords. Cette variété ressemble, comme forme, au *Nav. Legumen* var. *decrescens* Grun. (V. H. S. pl. 6, fig. 16), mais elle s'en distingue aisément par le nombre des stries et par leur interruption au centre de la valve.

PUY-DE-DÔME. *Fossile :* Dépôt de Saint-Saturnin. R.

Var. **prolongata** J. Br. et M. Perag. *nov.* (Pl. IV, fig. 1).

Se distingue du type par sa forme bacillaire, à terminaisons prolongées et légèrement capitulées.

PUY-DE-DÔME. Dépôt de Vassivière. AC.

Nav. basaltæproxima J. Br. et F. Hérib. *nov.* (Pl. II, fig. 5).

Face valvaire bacillaire, à terminaisons nettement coniques. Flancs rectilignes (forma *recta*, fig. 5. *d*), ou plus ou moins comprimés vers le centre (forma *bigibba*, fig. 5. *c*).

Longueur 75 à 90μ. Largeur 14 à 18μ. Stries rubanées, finement bosselées, ondulées et plissées (surtout vues à l'immersion homogène), comme celles du *Nav. aquitaniæ*, de longueur un peu inégale, rayonnantes dans la région médiane, convergentes vers les pôles, au nombre de 10 à 13 en 10μ. Elles bordent une grande et large area lisse, de forme longuement lancéolée, très dilatée autour du nodule central, en laissant presque toujours les stries médianes plus courtes d'un côté que de l'autre. Raphé incurvé du même côté de la valve, au centre et aux deux bouts. Silice d'aspect brunâtre vue à un faible grossissement; assez fragile.

Cette espèce rappelle le *Nav. subsalina* Donk. (V. H. S. pl. 11, fig. 6), mais elle n'appartient pas au groupe du *Navicula* de Donkin. Elle vient plutôt se placer à côté du *Nav. elegans* W. Sm. (Diat. pl. 16, fig. 137) qui habite les eaux marines ou saumâtres. Voir aussi les espèces dessinées par Ad. Schmidt (Pl. 44, fig. 10, 11 et 52), formes données sans noms et qui se rapprochent passablement du *Nav. divergens* W. Sm.

PUY-DE-DÔME. *Fossile :* Dépôt marin du puy de Mur, où il abonde, surtout dans la zone supérieure du dépôt.

Nav. recta J. Br. et F. Hérib. *nov.* (Pl. II, fig. 3).

Face valvaire plane, à flancs exactement rectilignes; extrémités bien arrondies. Longueur 100 à 120μ. Largeur 20 à 23μ. Stries transversales parallèles, non convergentes dans la région médiane, au nombre de 7 en 10μ; elles atteignent le raphé et l'accompagnent à une faible distance d'une rangée de perles bien nettes; celles des extrémités sont arquées, à convexité dirigée vers le centre. Les 4 ou 5 stries médianes compriment le nœud central. A l'immersion homogène, l'espace intercostal montre une double rangée de perles fines, alignées dans le sens de la longueur des côtes et appliquées contre elles. Raphé large, rubané, lisse et rectiligne; toujours un peu comprimé et bi-mamelonné aux deux bouts. Silice forte.

Notre *Navicula recta* appartient au même groupe que les *Nav. advena* (A. S. Atl. pl. 8, fig. 29), *Nav. Eugenia* (A. S. Atl. pl. 8, fig. 44) et *Nav. Eudoxia* (A. S. Atl. pl. 8, fig. 39 et 40). Il a aussi quelque analogie avec le *Nav. Campylodiscus* de Grunow, mais il ne saurait être considéré comme une variété de l'une ou de l'autre de ces espèces, car aucune d'elles n'a de ponctuation perlée intercostale; tout au plus observe-t-on chez le *Nav. Campylodiscus* quelques rares bosselures très peu proéminentes entre les côtes.

PUY-DE-DÔME. Dépôt marin du puy de Mur. R.

M. J. Brun a reconnu cette espèce dans une récolte prise par Max. Roux (1889), sur les rivages de l'Océan Indien.

Nav. icostauron Cl. et Grun. var. **conifera** J. Br. et F. Hérib. *nov.* (Pl. II, fig. 2).

Valve à flancs rectilignes, acuminée, tronquée. Longueur 50 à 55 μ. Largeur 7 à 9 μ. Stries transversales non convergentes; 11 à 12 en 10 μ. Stauros rectiligne.

Par ses stries lisses et par son raphé bifide, cette forme appartient au groupe des *Pinnulariées*.

PUY-DE-DÔME. *Fossile:* Dépôt marin du puy de Mur. R.

Obs. — Nous avons adopté le nom de cette espèce marine, d'après le dessin qu'en a donné Grunow (Cl. et Grun. *Arct. Diat.*, Pl. 1, fig. 14), car elle est évidemment autre que le *Stauroneis icostauron* d'Ehrenberg (Rab. page 250; Pritt. pl. 12, fig. 73 et Ehrb. Microgéol. pl. 16, fig. 17). Dans cette forme d'Ehrenberg, franchement elliptique, les côtes convergent fortement vers le centre et touchent le raphé. La forme dessinée par W. Smith, pl. 18, fig. 163, appartient au *Nav. viridis*, mais elle est beaucoup plus grande. Le *Nav. acuminata* W. Sm. (B. D. pl. 18, fig. 164) se rapproche davantage de la variété du puy de Mur, mais le type de W. Smith n'a jamais de stauros.

M. J. Brun a constaté cette Diatomée dans une récolte provenant du haut Colorado, prise par M. Penard (1891) à 3,000 mètres d'altitude.

Nav. stauroptera Grun. (V. H. S. pl. 6, fig. 7).

Puy-de-Dôme. *Fossile :* Rouilhas-Bas, Ponteix; Randanne; Saint-Saturnin; Les Queyrades n° 2. AR.

Var. **gracilis** P. Petit (Gis. silic. foss. de l'Auv. J. de Micr. t. 2, 1878).

Puy-de-Dôme. *Fossile :* Dépôt des Queyrades n° 2. AR.

Nav. parva Grun. (V. H. S. pl. 6, fig. 6. = *Nav. stauroptera* var.).

Puy-de-Dôme. *Fossile :* Ponteix ; les Queyrades n° 2.

Cantal. Lac de la Crégut; base du puy Mary (!).

Hab. Eaux vives et grands lacs des montagnes. R.

Nav. gibba Ehrb. (A. S. Atl. pl. 45, fig. 46 à 51).

Puy-de-Dôme. *Fossile :* Vassivière; Pré Cohendy; Saint-Saturnin; Ponteix; Creux Mortier; Saint-Loup. — *Vivant :* Mont-Dore *(W. Smith).* Cascade de Sainte-Elisabeth, près de Latour-d'Auvergne *(Paillarse).* Bords de l'Allier, à Coudes *(Max. Roux).* Fontaine-du-Berger; prairies marécageuses, au-dessus de la gare de Bourgheade; Pierre-sur-Haute (!).

Cantal. Molompise; Ruines, près de Saint-Flour; Saint-Mamet; Mauriac; Roc du Merle, près du Falgoux (!).

Hab. Marais, étangs, rochers humides, en plaine et en montagne. AC.

Var. **hyalina** M. Perag. et F. Hérib. *nov.* (Pl. IV, fig. 14).

Diffère des figures du *Nav. gibba* données dans l'Atlas de Ad. Schmidt, en ce que les stries sont extrêmement courtes; elles disparaissent même sur une certaine étendue au milieu de la valve.

Puy-de-Dôme. *Fossile :* Dépôt des Queyrades n° 2; Saint-Loup. AC.

Nav. Tabellaria Ehrb. (V. H. S. pl. 6, fig. 8=*Nav. punctata* Bréb.).

PUY-DE-DÔME. *Fossile :* Vassivière; Saint-Saturnin.

CANTAL. Cascade de Saint-Paul, près de Salers; rochers du Pas-de-Roland (!).

Hab. Cascades, tourbières et lacs des montagnes. AR.

Nav. acrosphæria Bréb. (A. S. Atl. pl. 43, fig. 14 à 17).

PUY-DE-DÔME. *Fossile :* Randanne; Verneuge; les Queyrades n° 2, où il est très commun. — *Vivant :* Etang de Chancelade *(Montel)*. Laqueuille (!). Cascade de Sainte-Elisabeth, près de Latour-d'Auvergne; étang de la Masse *(Paillarse)*.

CANTAL. Base du puy Mary; rochers humides de la vallée de Fontange (!).

Hab. Mêmes stations que l'espèce précédente, mais plus rare.

Var. **minor** M. Perag. et F. Hérib. *nov.*

Forme très réduite, ayant à peine 40μ de longueur.

PUY-DE-DÔME. *Fossile :* Dépôt des Queyrades n° 2. AR.

Var. **lævis** M. Perag. et F. Hérib. *nov.*

Se distingue du type par l'absence des points sablant le raphé et l'aréa. Longueur 180μ.

PUY-DE-DÔME. *Fossile :* Saint-Saturnin; Ceyssat. R.

Nav. bicapitata Lag. (V. H. S. pl. 6, fig. 14).

PUY-DE-DÔME. *Fossile :* Rouilhas-Bas; Ceyssat; la Cassière. — *Vivant :* Marais tourbeux de la Croix-Morand; narse de la Cassière (!).

CANTAL. Tourbières du Cézallier *(Biélawski)*. Prairies tourbeuses de Saint-Urcize (!).

Hab. Eaux stagnantes, lacs, étangs, tourbières des hauts plateaux. AR.

Obs. — La forme fossile du dépôt de Rouilhas-Bas est remarquable par sa longueur exagérée; elle atteint jusqu'à 90μ.

Var. **hybrida** Grun. (V. H. S. pl. 6, fig. 9).

PUY-DE-DÔME. *Fossile :* Dépôt de la Cassière. AR.

Obs. — D'après les fig. 9 et 14 du *Synopsis* de Van Heurck, on ne voit pas l'analogie qui peut exister entre le type et la variété; le *Nav. bicapitata* var. *hybride* de Grunow, bien conforme d'ailleurs à celui de la Cassière, semblerait être plutôt une variation du *Nav. subcapitata* Grun.

Nav. biceps Greg. (A. S. Atl. pl. 45, fig. 67)=*Nav. sphærophora* var.).

PUY-DE-DÔME. *Fossile :* Dépôt de la Cassière.

CANTAL. Murat *(J. Brun)*. Bords de la Cère, à Thiézac (!).

Hab. Eaux vives des montagnes. R.

Nav. subcapitata Grun. (A. S. Atl. pl. 45, fig. 53).

PUY-DE-DÔME. *Fossile :* Ponteix; les Queyrades n° 1; la Cassière. — *Vivant :* Plateau de Scey *(Max. Roux)*. Job, près d'Ambert, sur *Fontinalis antipyretica* (!).

Hab. Etangs, ruisseaux, fossés; sur les plantes aquatiques de la plaine et des basses montagnes. AR.

Var. **paucistriata** Grun. (V. H. S. pl. 6, fig. 23).

PUY-DE-DÔME. *Fossile :* Les Queyrades n° 1. — *Vivant :* Quelques rares frustules observés dans la récolte prise sur le plateau de Scey, près le Buisson *(Max. Roux)*. R.

Var. **stauroneiformis** Grun. (V. H. S. pl. 6, fig. 22).

PUY-DE-DÔME. *Fossile :* Creux Mortier. — *Vivant :* Eaux minérales de la Bourboule *(P. Petit)*. Job, près d'Ambert (!). AR.

Nav. brevistriata Grun. (V. H. S. pl. 6, fig. 5 = *Pinnularia biglobosa* Schum.).

PUY-DE-DÔME. *Fossile :* Dépôt des Queyrades n° 1. R. Nouveau pour la flore française.

Nav. stomatophora Grun. (A. S. Atl. pl. 44, fig. 27 à 29).

PUY-DE-DÔME. *Fossile :* Dépôt de Verneuge. AR.

Nav. Bogotensis Grun.? (A. S. Atl. pl. 44, fig. 30).

PUY-DE-DÔME. *Fossile :* Dépôt des Queyrades n° 1. RR.

Obs. — Cette détermination est suivie d'un signe de doute, parce que le *Nav. Bogotensis* ne se distinguant du *Nav. stomatophora* du même auteur que par l'absence de deux sillons semi-circulaires entourant le nodule, ce caractère négatif n'a pu être constaté; l'exemplaire examiné ayant une position oblique dans la préparation, il est possible que, dans cette position, les sillons ne fussent pas distincts, et que le frustule observé soit un *Nav. stomatophora*, trouvé bien caractérisé dans le dépôt de Verneuge.

Nav. appendiculata Ktz. (V. H. S. pl. 6, fig. 18 et 20).

PUY-DE-DÔME. Eaux minérales de Saint-Nectaire *(Max. Roux)*. Source incrustante de Saint-Floret (!).

Hab. Eaux minérales de la plaine et de la montagne. R.

Var. **irrorata** Grun. (V. H. S. pl. 23, fig. 30 et 31).

PUY-DE-DÔME. Mêlé au type dans les eaux minérales de Saint-Nectaire *(Max. Roux)*. R.

Nav. globiceps Greg. (V. H. Suppl. A, fig. 13).

PUY-DE-DÔME. *Fossile :* Dépôt de Ponteix. RR.

Nav. decurrens Ehrb. (A. S. Atl. pl. 45, fig. 30).

PUY-DE-DÔME. *Fossile :* Dépôt de Rouilhas-Bas. AR.

Ces deux dernières espèces sont nouvelles pour la France.

Nav. mesolepta Ehrb. (V. H. S. pl. 6, fig. 10 et 11 = *Nav. nodulosa* Ktz.).

PUY-DE-DÔME. *Fossile :* La Cassière; Olby; Verneuge; Saint-Saturnin. — *Vivant :* Le Buisson; plateau de Scey, près du Buisson *(Max. Roux)*. Ambert; Brion; Fontanat; étang Gaubert, près de Lezoux; Culhat; Pont-de-Dore (!).

CANTAL. Neussargues; Raulhac; Saint-Jacques-des-Blats; Albepierre (!).

Hab. Eaux vives ou stagnantes; assez répandu en plaine; plus rare en montagne.

Var. **stauroneiformis** Grun. (V. H. S. pl. 6, fig. 15).

PUY-DE-DÔME. *Fossile :* Rouilhas-Bas; la Cassière; Saint-Saturnin; Creux Mortier. — *Vivant :* Sondage du lac Pavin *(Ch. Bruyant* et *P. Gautier)*. AR.

Nav. nivalis Ehrb. (V. H. S. pl. 10, fig. 21 = *Nav. quinquenodis* Grun.).

CANTAL. Pente ouest du Plomb du Cantal.

Hab. Eaux vives de la région alpine. R.

Var. **interrupta** W. Sm. (A. S. Atl. pl. 45, fig. 76 = *Nav. interrupta* W. Sm.).

PUY-DE-DÔME. *Fossile :* Saint-Saturnin. — *Vivant :* Bords de l'Allier, à Pont-du-Château; fossés du marais de Cœur, près de Riom (!).

Hab. Fossés, étangs de la plaine, prairies marécageuses. AR.

Nav. nodosa Ktz. (A. S. Atl. pl. 45, fig. 56 à 58).

PUY-DE-DÔME. *Fossile :* Dépôt de Ponteix. — *Vivant :* Mont-Dore *(W. Smith)*.

CANTAL. Sommet du ravin de la Croix, au Lioran; pente nord du puy Mary (!).

Hab. Cascades, sources vives, Mousses humides des montagnes. AR.

Nav. Termes Ehrb. (A. S. Atl. pl. 45, fig. 71 = *Nav. nodulosa* Bréb.).

PUY-DE-DÔME. *Fossile :* Dépôt de Ponteix. R.

Var. **stauroneiformis** V. H. (V. H. S. pl. 6, fig. 12 et 13).

PUY-DE-DÔME. Dépôt de Rouilhas-Bas. AR.

Nav. mesotyla Ehrb. (A. S. Atl. pl. 45, fig. 54 et 55).

PUY-DE-DÔME. *Fossile :* Saint-Saturnin; Ponteix. R.

Obs. — On trouve, dans le dépôt de Saint-Saturnin, une variété du type qui diffère des formes représentées par Ad. Schmidt (A. S. Atl. pl. 45, fig. 54 et 55), en ce que les ondulations sont beaucoup moins marquées et les extrémités moins capitulées. Cette forme se rapprocherait plutôt de la figure 58 de la même planche, mais elle est plus petite, plus grêle, et les stries sont plus rapprochées.

Nav. macra Grun. (A. S. Atl. pl. 44, fig. 54).

PUY-DE-DÔME. *Fossile :* Les Queyrades n° 1; Verneuge; Creux Mortier. AR.

Nav. Legumen forma **vix undulata** V. H. (V. H. S. pl. 6, fig. 17).

PUY-DE-DÔME. *Fossile :* Rouilhas-Bas; Ponteix. R.

GROUPE DES RADIOSÉES.

Nav. oblonga Ktz. (V. H. S. pl. 7, fig. 1 = *Nav. polyptera* Ehrb.).

PUY-DE-DÔME. *Fossile :* Dépôt de Vassivière. — *Vivant :* Etang Gaubert, près de Lezoux ; sommet du puy de Dôme ; Besse (!).

CANTAL. Chaudesaigues ; fossés, près de Maurs (!).

Hab. Sur les plantes aquatiques des eaux stagnantes de la plaine et de la montagne. R.

Nav. Menisculus Schum. var. **upsalensis** Grun. (V. H. S. pl. 8, fig. 23 et 24).

PUY-DE-DÔME. Fontaine de la place Delille, à Clermont (!). R.

Nav. cincta Ktz. (V. H. S. pl. 7, fig. 13 et 14).

PUY-DE-DÔME. Eaux minérales de Saint-Nectaire ; Sainte-Marguerite (!).

Cette espèce et la suivante ont été trouvées à Vichy, source Lardy, par Max. Roux.

Hab. Eaux minérales de la plaine et de la montagne. R.

Nav. Heufleri Grun. (V. H. S. pl. 7, fig. 15).

PUY-DE-DÔME. Saint-Babel ; le Buisson ; Saint-Nectaire ; plateau de Scey *(Max. Roux)*. Médagues ; Riom ; Ambert ; bords de l'Allier, à Bellerive (!).

CANTAL. Mauriac ; Maurs ; Montmurat ; Boisset (!).

Hab. Espèce assez fréquente dans les eaux stagnantes, douces ou minérales ; sur les Algues et les Mousses humides.

Nav. leptocephala Bréb. (V. H. S. pl. 7, fig. 16).

CANTAL. Base du puy Mary; Col de Cabre (!).

Hab. Sources froides, rochers humides et tourbières des montagnes. R.

Nav. gracilis Ehrb. *nec* W. Sm. (V. H. S. pl. 7, fig. 7 et 8).

PUY-DE-DÔME. Saint-Nectaire *(Max. Roux)*. Tazanat *(Desnier)*. Lac Servière; lac Chauvet; lac des Esclauses; Saint-Remy-sur-Durolle (!).

CANTAL. Bords du Lander, sous Saint-Flour; lac de Menet (!).

Hab. Eaux vives des montagnes; grands lacs; rare en plaine.

Var. **V. H.** (V. H. S. pl. 7, fig. 9 et 10 = *Schizonema neglectum* Thw. *nec Nav. neglecta* Ktz.).

PUY-DE-DÔME. Eaux minérales de Sainte-Marguerite (!). Lussat *(Lastiolas)*.

CANTAL. Maurs; bords du Lot, à Vieillevie (!).

Hab. Eaux vives ou stagnantes; plantes aquatiques, Mousses humides. AR.

Nav. radiosa Ktz. (V. H. S. pl. 7, fig. 20 = *Nav. angusta* Grun.).

PUY-DE-DÔME. *Fossile :* Rouilhas-Bas; Ceyssat; Olby; Randanne; les Queyrades nos 1 et 2; la Cassière; Varennes no 1; Ponteix; Champeix; Saint-Saturnin. — *Vivant :* Lac Pavin; lac d'Aydat; lac de Laspialade; lac Chauvet; Vertolaye; Job; Lezoux; Effiat; Ennezat (!). Coudes; Saint-Germain-Lembron; la Bourboule *(Max. Roux)*. Gour de Tazanat *(F. Hardouin)*. Saulzet-le-Chaud *(F. Pierre)*. Sondage du lac d'Aydat *(Ch. Bruyant)*.

CANTAL. Le Lioran; lac de Madic; lac de la Crégut; Saint-Urcize; Vic-sur-Cère; Arpajon; bords du Goul, sous Ronesque; Raulhac; Boisset; Leynhac (!).

Hab. Espèce commune dans les eaux vives ou stagnantes, et à toutes les altitudes.

Var. **acuta** Grun. (V. H. S. pl. 7, fig. 19).

PUY-DE-DÔME. *Fossile :* Ponteix ; les Queyrades n° 2 ; Rouilhas-Bas. — *Vivant :* Saint-Nectaire *(Max. Roux)*. Gour de Tazanat *(F. Hardouin)*. Eaux minérales des Salins, à Clermont (!). Sondage du lac Pavin *(Ch. Bruyant* et *P. Gautier)*.

CANTAL. Saint-Urcize ; Marcenat ; Salers (!). AR.

Nav. acuminata W. Sm. *nec* Ktz. (W. Sm. B. D. pl. 18, fig. 164).

PUY-DE-DÔME. Mont-Dore *(W. Smith)*. Tourbières, entre Besse et Vassivière (!).

Hab. Cascades et tourbières des montagnes. AR.

Nav. peregrina Ehrb. (A. S. Atl. pl. 47, fig. 58).

PUY-DE-DÔME. *Fossile :* Dépôt de Varennes n°s 1 et 2, où il est assez commun.

Obs. — Cette espèce est bien conforme à la figure désignée cidessus, mais nullement à celle de Van Heurck, planche 7, fig. 2. Elle diffère du *Nav. radiosa* par sa taille plus grande et par le nombre de ses stries.

Nav. tenella Bréb. (V. H. S. pl. 7, fig. 21 et 22 = *Nav. radiosa* var.).

PUY-DE-DÔME. *Fossile :* Creux Mortier ; les Queyrades n° 1. — *Vivant :* Le Buisson *(Max. Roux)*. Etang de Chancelade *(Montel)*. Lac de Laspialade (!).

CANTAL. Le Falgoux ; Salers ; lac de la Crégut ; étang du Trioulou, près de Saint-Constans (!).

Hab. Etangs et fossés de la plaine ; cascades et lacs des montagnes. AR.

Nav. viridula Ktz. (V. H. S. pl. 7, fig. 25).

PUY-DE-DÔME. Le Buisson ; Hospeux ; Champeix *(Max. Roux)*. Lussat *(Lastiolas)*. Etang de Chancelade *(Montel)*. Ambert ; Sainte-Marguerite ; Pontgibaud ; Tallende ; Rochefort (!).

CANTAL. Lac de la Crégut ; lac de Madic ; le Rouget ; Murat (!).

Hab. Eaux stagnantes ; marais, fossés, lacs ; en plaine et en montagne. AC.

Nav. slesvicensis Grun. (V. H. S. pl. 7, fig. 28 et 29).

PUY-DE-DÔME. Le Buisson *(Max. Roux)*. Champeix (!).

Hab. Eaux stagnantes de la plaine. R.

Nav. rostellata forma **minor** (V. H. S. pl. 7, fig. 24).

PUY-DE-DÔME. *Fossile :* Dépôt de la Cassière. R.

Nav. rhyncocephala Ktz. (V. H. S. pl. 7, fig. 31).

PUY-DE-DÔME. Châteaugay ; Ambert ; Villars ; Allagnat ; Pont-des-Eaux ; Aigueperse (!). Issoire ; Billom *(Max. Roux)*.

CANTAL. Pleaux ; Aurillac ; Murat ; lac de la Crégut (!).

Hab. Espèce répandue dans toutes les eaux.

Nav. cryptocephala Ktz. *nec* W. Sm. (V. H. S. pl. 8, fig. 5).

PUY-DE-DÔME. *Fossile :* La Cassière ; Saint-Saturnin. — *Vivant :* Lac inférieur de la Godivelle ; lac Chauvet ; eaux minérales de Sainte-Marguerite (!). Gour de Tazanat *(F. Hardouin)*. Vic-le-Comte ; Saint-Babel *(Max. Roux)*.

CANTAL. Arpajon *(J. Brun)*. Sansac ; la Capelle-Viescamp (!).

Hab. Eaux vives ou stagnantes, en plaine et en montagne. AC.

Nav. Reinhardtii Grun. (V. H. S. pl. 8, fig. 5 et 6).
PUY-DE-DÔME. *Fossile :* Dépôt de Varennes n° 1. — *Vivant :* Fontaine du village de Villars, près de Clermont, sur *Hypnum rusciforme*.

Hab. Eaux stagnantes des basses montagnes. R.

Espèce nouvelle pour la flore française.

Nav. Cyprinus W. Sm. (V. H. S. pl. 7, fig. 3).
PUY-DE-DÔME. Dépôt marin du puy de Mur. R.

Nav. Gregaria Donk (V. H. S. pl. 8, fig. 12 à 15).
PUY-DE-DÔME. *Fossile:* La Cassière; Vassivière; Saint-Saturnin. — *Vivant :* Lussat *(Lastiolas)*. Médagues; Malintrat (!).

Hab. Eaux stagnantes de la plaine. R.

Nav. gastrum (Ehrb.) Donk. (V. H. S. pl. 8, fig. 25).
PUY-DE-DÔME. *Fossile :* Dépôts de Rouilhas-Bas et de Saint-Saturnin. AR.

Navicule nouvelle pour la France.

Forma **elliptica** M. Perag. et F. Hérib. *nov.*
Diffère du type par sa forme presque elliptique.
PUY-DE-DÔME. *Fossile :* Dépôt de Varennes n° 1. R.

Forma **major** M. Perag. et F. Hérib. *nov.*
Semblable aux formes données dans le *Synopsis* de Van Heurck, pl. 8, mais ayant une longueur de 60μ.
PUY-DE-DÔME. *Fossile :* Dépôt de la Cassière. R.

Nav. Placentula Ehrb. (V. H. S. pl. 8, fig. 28).
PUY-DE-DÔME. *Fossile :* Dépôt de Ponteix. AR.
Navicula nouveau pour la flore française.

Nav. anglica Ralfs. (V. H. S. pl. 8, fig. 29 et 30 = *Nav. Placentula* var.).

Puy-de-Dôme. Manglieu; Saint-Babel *(Max. Roux)*. Etang de la Masse, près de Latour-d'Auvergne *(Paillarse)*. Job, près d'Ambert; Enval, près de Vic-le-Comte (!).

Cantal. Saint-Flour; Chaudesaigues; Saint-Urcize; col de Neurome, près du Falgoux (!).

Hab. Cascades, Mousses humides. AR.

Nav. lanceolata Ktz. (V. H. S. pl. 8, fig. 16).

Puy-de-Dôme. *Fossile :* Dépôt de la Cassière. R.

Espèce nouvelle pour la France.

Nav. dicephala (Ehrb.?) W. Sm. (V. H. S. pl. 8, fig. 34).

Puy-de-Dôme. *Fossile :* La Cassière; Creux Mortier; les Queyrades n° 2. — *Vivant :* Le Buisson *(Max. Roux)*. Narse de la Cassière; tourbières de Vassivière (!).

Hab. Eaux stagnantes de la plaine; tourbières des hauts plateaux. AR.

Forma **minor** W. Sm. (V. H. S. pl. 8, fig. 33).

Puy-de-Dôme. *Fossile :* Les Queyrades n° 2; la Cassière. R.

Nav. Cesatii Rab. (V. H. S. pl. 8, fig. 35).

Cantal. Lac de la Crégut; lac de Menet (!).

Cette espèce, nouvelle pour la France, est à rechercher dans les lacs des montagnes du Mont-Dore.

Hab. Grands lacs des montagnes. RR.

Groupe des DIDYMÉES.

Nav. bomboides A. Sch. (V. H. S. Suppl. B, fig. 19).

Puy-de-Dôme. *Fossile :* Dépôt marin du puy de Mur, où il est assez fréquent.

Var. **minor** J. Br. et F. Hérib. *nov.*

Forme se rapprochant du *Nav. didyma* d'Ehrenberg.

PUY-DE-DÔME. *Fossile :* Dans le même dépôt que le type, mais plus rare.

Var. **media** Cl. et Grun. (Arct. Diat. pl. 3, fig. 54).

PUY-DE-DÔME. *Fossile :* Dépôt du puy de Mur. R.

Nav. crassirostris Cl. et Grun. (Art. Diat. pl. 3, fig. 57).

PUY-DE-DÔME. *Fossile :* Dépôt du puy de Mur. R.

Navicula nouveau pour la France.

Nav. Smithii Bréb. (V. H. S. pl. 9, fig. 12).

PUY-DE-DÔME. *Fossile :* Dépôt de Varennes n° 1. R.

Obs. — Tout à fait semblable à la figure indiquée, mais dont les côtes, au nombre de 7 1/2 en 10μ, sont simplement granulées au lieu de porter deux rangées de perles.

La détermination de cette espèce rare est due à M. J. Brun.

Nav. elliptica Ktz. (V. H. S. pl. 10, fig. 10 = *Nav. ovalis* W. Sm.).

PUY-DE-DÔME. *Fossile :* Randanne ; Les Queyrades n° 2 ; Verneuge ; la Cassière ; Rouilhas-Bas ; Varennes n°s 1 et 3 ; Ceyssat ; Ponteix ; Champeix ; Olby ; Creux Mortier. — *Vivant :* Grotte de Saint-Floret ; Ambert ; source froide, à Saint-Saturnin ; lac d'Aydat ; lac inférieur de la Godivelle ; Valbeleix : grotte de Royat ; Pontgibaud (!). Chauriat ; Saint-Babel *(Max. Roux).* Gour de Tazanat ; Châtelguyon ; Gimeaux *(F. Hardouin).* Sondage du lac Pavin *(Ch. Bruyant* et *P. Gautier).* Sarcenat *(F. Pierre).*

CANTAL. Le Lioran ; Saint-Jacques-des-Blats ; Vic-sur-Cère ; Salers ; Boisset ; Cayrols ; Aurillac (!).

Hab. Espèce commune dans toutes les eaux, en plaine et en montagne.

Var. **minutissima** Grun. (V. H. S. pl. 10, fig. 11).

PUY-DE-DÔME. *Fossile :* Les Queyrades n° 2; la Cassière.

CANTAL. Cascade de Saint-Paul, près de Salers (!). R.

Var. **oblongella** Næg. (V. H. S. pl. 10, fig. 12).

PUY-DE-DÔME. *Fossile :* La Cassière; Saint-Saturnin. R.

Var. **extenta** W. Sm. (W. Sm. S. B. D. pl. 16, fig. 153).

PUY-DE-DÔME. Narse de la Cassière (!). AR.

Var. **major** M. Perag. et F. Hérib. *nov.*

Semblable à la figure 30, pl. 7, de l'Atlas de Ad. Schmidt, donnée sous le nom de *Nav. elliptica;* cependant la striation n'a pas tout à fait l'aspect de celle du *Nav. elliptica.* La longueur atteint 70 μ.

PUY-DE-DÔME. *Fossile :* Les Queyrades n° 2; Creux Mortier. AR.

Nav. ovalis Hilse *nec* W. Sm. (A. S. Atl. pl. 7, fig. 33 = *Nav. elliptica* var.).

PUY-DE-DÔME. Maringues; Pont-du-Château (!).

Hab. Çà et là dans les eaux tranquilles de la plaine. R.

Nav. arverna M. Perag. et F. Hérib. *nov.* (Pl. IV, fig. 19).

Face valvaire largement elliptique, à extrémités prolongées, petites et tout à fait arrondies. Stries rayonnantes, courbes, formées de petites perles très nettes, allongées dans le sens de la longueur du frustule, c'est-à-dire perpendiculairement à la direction de la strie; stries médianes au nombre de 5 en 10 μ, plus ou moins écourtées; de chaque côté du nodule central, on voit une strie rectiligne, plus longue, et dirigée perpendiculairement au raphé; celles des extrémités sont plus serrées que celles du centre. Longueur 50 μ.

Espèce curieuse et très distincte.

PUY-DE-DÔME. *Fossile :* Dépôt de Varennes n° 2. R.

GROUPE DES STAURONÉIDÉES.

Nav. tuscula Grun. (V. H. S. pl. 10, fig. 14=*Stauroneis punctata* Ktz.)

PUY-DE-DÔME. Fontaine du village de Tazanat *(Desnier)*. Volvic; Pontgibaud (!)

CANTAL. Dienne; fossés, à Thiézac; Thalizat, près de Saint-Flour (!).

Hab. Eaux stagnantes des basses montagnes. R.

Nav. mutica Ktz. (V. H. S. pl. 10, fig. 19).

PUY-DE-DÔME. Ambert; étang Gaubert, près de Lezoux; lac Guéry; lac de Laspialade (!).

CANTAL. Farges, près de Paulhac *(Albert Sagette)*. Lac de la Crégut; fossés des prairies de Saint-Urcize (!).

Hab. Etangs et fossés de la plaine; lacs, cascades et tourbières des montagnes. AR.

Var. **Cohnii** (V. H. S. pl. 10, fig. 17 = *Stauroneis Cohnii* Hilse).

CANTAL. Rochers du Pas-de-Roland (!).

Hab. Mêlé au type, mais plus rare.

GROUPE DES PERSTRIÉES.

Nav. pusilla W. Sm. (V. H. S. pl. 11, fig. 17 = *Nav. gastroides* Greg.).

PUY-DE-DÔME. Ambert; eaux minérales de Sainte-Marguerite (!).

Hab. Eaux stagnantes, douces ou minérales. R.

Nav. scutelloides Grun. forma **minor** (A. S. Atl. pl. 6, fig. 34).

PUY-DE-DÔME. Etang de Chancelade *(Montel)*.

Hab. Eaux stagnantes; à rechercher dans les lacs de nos montagnes. R.

Navicule nouvelle pour la flore française.

GROUPE DES CRASSINERVIÉES.

Nav. cuspidata Ktz. (V. H. S. pl. 12, fig. 4).

PUY-DE-DÔME. *Fossile :* Randanne; Rouilhas-Bas; Ceyssat; Olby; Creux Mortier. — *Vivant :* Manglieu; le Buisson *(Max. Roux)*. Gour de Tazanat *(F. Hardouin)*. Pontgibaud; Murols; Orcival; Croix-Morand; Pierre-sur-Haute (!). Lussat *(Lastiolas)*. Thiers *(Arbost)*.

CANTAL. Sainte-Anastasie *(Biélawski)*. Saint-Georges, près de Saint-Flour; Marcolès; Boisset; Maurs; Mauriac (!).

Hab. Eaux stagnantes, en plaine et en montagne. AC.

Nav. cuspidata Ktz. forma **craticula** M. Perag. et F. Hérib. *nov.* (Pl. IV, fig. 15).

PUY-DE-DÔME. *Fossile :* Dépôt du Creux Mortier. AR.

Obs. — Il y aurait toute une étude à faire sur cette forme, car il est probable que c'est celle qui a été décrite et figurée par plusieurs auteurs sous le nom de *Surirella craticula* Ehrb.; cependant un examen fait à l'aide d'un bon objectif permet de constater que le frustule comporte quatre valves, dont les deux extérieures sont celles du *Nav. cuspidata*, et les deux intérieures ne sont autres que celles du *Surirella craticula.*

Van Heurck, dans son *Synopsis*, page 100, à propos de la forme craticulaire du *Nav. ambigua* (V. H. S. pl. 12, fig. 6), admet que les marques caractérisant la forme craticulaire doivent être à la partie interne des valves, la partie externe étant celle qui porte les stries; cette hypothèse ne saurait être admissible, du moins pour la forme du *Nav. cuspidata*, car dans la même préparation, on trouve à la fois, et les frustules complets, et les valves isolées, donnant, soit le *Nav. cuspidata*, soit le *Surirella craticula*.

Le Dr Gregory aurait dû se douter de la nature véritable du *Surirella craticula*, puisque dans son étude sur les *Diatomaceous Earth of Mull.* (Q. J. M. S. vol. II, pl. IV, fig. 6), il donne, sous le nom de *Surirella craticula*, un dessin où il figure parfaitement le raphé et les stries du *Nav. cuspidata*.

Cette forme semblerait établir le passage des *Navicula* aux *Mastogloia*.

Var. **Heribaudi** M. Perag. *nov.* (Pl. IV, fig. 16).

La forme extérieure, les dimensions, le raphé et les nodules sont les mêmes que dans le *Nav. cuspidata*, mais la variété se distingue facilement du type en ce que les stries, au lieu d'être presque parallèles et sensiblement perpendiculaires au raphé, présentent plutôt la disposition de celles du *Nav. radiosa*, c'est-à-dire qu'elles sont d'autant plus rayonnantes qu'elles se rapprochent davantage du centre, sans toutefois devenir normales au raphé vers les extrémités; en outre, les stries de la partie centrale sont beaucoup plus écartées que les autres et assez irrégulièrement espacées; celles des extrémités sont au nombre de 13 en 10μ.

PUY-DE-DÔME. *Fossile :* Dépôt du Creux Mortier. AR.

Nav. ambigua Ehrb. (V. H. S. pl. 12, fig. 5).

PUY-DE-DÔME. *Fossile :* Rouilhas-Bas. — *Vivant :* Issoire; les Martres-de-Veyre; le Buisson *(Max. Roux)*. Lac Bourdouze; lac Chambon; lac d'Aydat (!).

CANTAL. Lac de la Crégut; cascade de Saint-Paul, près de Salers; eaux minérales de Vic-sur-Cère (!).

Hab. Eaux stagnantes; lacs, cascades et marais tourbeux des montagnes. AR.

Nav. sphærophora Ktz. (V. H. S. pl. 12, fig. 2).

Puy-de-Dôme. Aulnat; Nébouzat; Volvic; Ambert; Gour de Tazanat (!). Le Buisson *(Max. Roux)*.

Cantal. Aurillac; Pleaux; Saint-Simon, près d'Aurillac; Leynhac; Saint-Mamet (!).

Hab. Espèce assez répandue dans les eaux stagnantes de la plaine.

Nav. serians (Bréb.) Ktz. (V. H. S. pl. 12, fig. 7).

Puy-de-Dôme. *Fossile :* Dépôt de Vassivière. — *Vivant :* Marais tourbeux, près de Besse; lac Chauvet; tourbières de Saint-Genès-Champespe (!). Mont-Dore *(W. Smith)*.

Cantal. Prairies tourbeuses de Prat-de-Bouc; base du Plomb du Cantal (!). Tourbières du Cézallier *(Biélawski)*.

Hab. Lacs, tourbières, cascades des hautes vallées. AR.

Var. **minor** Grun. (V. H. S. pl. 12, fig. 8).

Puy-de-Dôme. *Fossile :* Dépôt de Vassivière. — *Vivant :* Etang de Chancelade *(Montel)*. R.

Var. **minima** Grun. (V. H. S. pl. 12, fig. 9).

Puy-de-Dôme. *Fossile :* Dépôt de Vassivière. AC.

Var. **Peragalli** J. Br. et F. Hérib. *nov.*

Se distingue du type par sa forme elliptique très allongée.

Puy-de-Dôme. *Fossile :* Dépôt de Vassivière. AR.

Nav. vulgaris Heib. (V. H. S. pl. 17, fig. 6 = *Schizonema vulgare* Thw.).

Puy-de-Dôme. *Fossile :* Dépôt de Saint-Saturnin. — *Vivant :* Bords de la Dore, sous Thiers *(Arbost)*. Ambert; Job; bords de l'Allier, à Bellerive; Lezoux; Châtelguyon (!). Fontaine près de la gare de Royat *(F. Pierre)*. Champeix *(Max. Roux)*.

CANTAL. Molompise; Thiézac; Arpajon; Saint-Flour; Saint-Constans (!).

Hab. Bords des ruisseaux; eaux stagnantes, fossés; Mousses humides. AR.

Var. **lacustris** J. Br. (Br. D. A. J. pl. 8, fig. 20).

PUY-DE-DÔME. Cascade de la Volpie, près d'Ambert (!). Bords de la Couze, à Champeix *(Max. Roux)*. R.

Nav. aponina Ktz. (V. H. S. pl. 12, fig. 15).

PUY-DE-DÔME. *Fossile :* Dépôt de Saint-Saturnin. R.

Nav. exilis Grun. (V. H. S. pl. 12, fig. 11 et 12).

PUY-DE-DÔME. *Fossile :* Dépôt de Vassivière. — *Vivant :* Tourbières de Saint-Genès-Champespe; lac de Laspialade; lac de Montcineyre; Compains; Egliseneuve-d'Entraigues (!).

CANTAL. Lac de la Crégut; lac de Menet; Salers (!).

Hab. Sur les plantes aquatiques des eaux stagnantes de la plaine et des montagnes. AR.

Nav. amphisbæna Bory (V. H. S. pl. 11, fig. 7).

PUY-DE-DÔME. Pionsat; Vic-le-Comte; Issoire; le Buisson *(Max. Roux)*. Gour de Tazanat; bords de l'Allier, sous Mirefleurs; Saint-Nectaire; Aulnat; Sainte-Marguerite; marais de Marmillat; Saint-Beauzire; Effiat (!).

CANTAL. Aurillac; Lavergne, près de Boisset; Maurs; Montmurat; Pleaux; Massiac (!).

Hab. Eaux limoneuses de la plaine et des basses montagnes; çà et là, mais jamais abondant.

Nav. rhomboides (Bréb.) Ehrb. (V. H. S. pl. 17, fig. 1 et 2 = *Frustulia saxonica* Rab.).

PUY-DE-DÔME. Mont-Dore *(W. Smith)*. Fournols *(F. Abel-Benoît)*. Tourbières de Vassivière; Pierre-sur-Haute; eaux minérales de Sainte-Marguerite (!).

CANTAL. Lac de la Crégut; Saint-Urcize; cascade de Saint-Paul, près de Salers (!).

Hab. Eaux douces ou minérales, vives ou stagnantes; lacs, rochers humides, cascades, à toutes les altitudes. AR.

Nav. crassinervia Bréb. (V. H. S. pl. 17, fig. 4 = *Van Heurckia crassinervia* Bréb.).

PUY-DE-DÔME. *Fossile :* Dépôt de Vassivière. — *Vivant :* Eaux minérales de la Bourboule *(P. Petit)*. Rochers humides du Val d'Enfer, au Mont-Dore; marais de la Croix-Morand; lac Guéry; lac Chauvet; lac Chambon; Laqueuille; Pierre-sur-Haute (!).

CANTAL. Lac de la Crégut; cascade de Saint-Paul, près de Salers; Saint-Jacques-des-Blats; Aurillac; Saint-Simon; Pierrefort (!).

Hab. Mêmes stations que l'espèce précédente. AR.

Nav. lineolata (Cl.) Ehrb. (Microgéol. Pl. 16, fig. 3 = *Van Heurckia lineolata* Cl.).

PUY-DE-DÔME. Dépôt de Vassivière. AC.

Espèce nouvelle pour la flore française.

Obs. — Le répertoire d'Habirshaw donne *Nav. lineolata* = *Nav. serians;* mais l'examen des figures d'Ehrenberg ne permet pas d'identifier les deux espèces. Le *Nav. lineolata* se rapprocherait plutôt du *Nav. divergens* dont il diffère par sa forme bacillaire, à extrémités presque aussi larges que le milieu et légèrement capitulées.

GROUPE DES LIMOSÉES.

Nav. limosa Ktz. (V. H. S. pl. 12, fig. 18).

PUY-DE-DÔME. *Fossile :* Verneuge; les Queyrades n°s 1 et 2; Olby; la Cassière; Saint-Saturnin; Rouilhas-Bas; Ponteix; Creux Mortier; Varennes n° 1; Pré Cohendy;

Randanne. — *Vivant :* Champeix; Manglieu *(Max. Roux)*. Mont-Dore *(W. Smith)*. Ambert; Brassac; Sainte-Marguerite; Pontgibaud; Rochefort; Menat (!).

CANTAL. Cascade du Saillant, près de Saint-Flour; Neussargues; Dienne; Saint-Mamet; le Rouget (!).

Hab. Marais, tourbières, cascades; assez commun en plaine et en montagne.

Var. **curta** Grun. (V. H. S. pl. 12, fig. 23).

CANTAL. Marais bourbeux de Prat-de-Bouc (!). R.

Var. **gibberula** Grun. (V. H. S. pl. 12, fig. 19).

PUY-DE-DÔME. *Fossile :* Dépôt de Saint-Saturnin. R.

Var. **subinflata** Grun. (V. H. S. pl. 12, fig. 20).

PUY-DE-DÔME. *Fossile :* Dépôt de Vassivière. AR.

Var. **undulata** Grun. (V. H. S. pl. 12, fig. 22).

PUY-DE-DÔME. *Fossile :* Ponteix; Randanne; Creux Mortier. AR.

Forma **major** M. Perag. et F. Hérib. *nov.*

La longueur de cette forme peut atteindre 110μ.

PUY-DE-DÔME. *Fossile :* les Queyrades n°s 1 et 2; Pré Cohendy. AR.

Nav. Heribaudi M. Perag. *nov.* (Pl. IV, fig. 8).

Valves à trois lobes, le central plus grand et elliptique; lobes terminaux coniques, à extrémité un peu prolongée et largement arrondie. Raphé droit, se terminant au centre par une petite perle légèrement excentrique, et aux extrémités par un nodule rond, gros et bien visible. Le raphé est entouré d'une aréa lisse, large, dilatée autour du nodule central parallèlement aux bords de la valve, et se prolongeant latéralement jusqu'à ces bords, en formant un pseudo-stauros large et évasé. A hauteur des milieux des lobes terminaux, l'aréa se rétrécit brusquement en se rapprochant du raphé et se prolonge en pointe jusqu'aux extrémités. Stries nettes, sensiblement normales aux bords de la valve. Longueur 70 à 90μ, avec 16 stries en 10μ. — Espèce très distincte.

Puy-de-Dôme. *Fossile :* Dépôt de Varennes n° 1. AR.

Nav. ventricosa Donk. forma **minuta** (V. H. S. pl. 12, fig. 26).

Puy-de-Dôme. *Fossile :* Dépôt du Creux Mortier. AR.

Nav. Iridis Ehrb. (V. H. S. pl. 13, fig. 1).

Puy-de-Dôme. *Fossile :* Dépôt de Ponteix. — *Vivant :* Etang de Chancelade *(Montel)*. Lac Servière; lac de la Faye; lac Chauvet (!).

Cantal. Lac de la Crégut (!).

Hab. Grands lacs des montagnes. R.

Forma **angustata** M. Perag. et F. Hérib. *nov.*

Longueur 170μ. Largeur 27μ.

Puy-de-Dôme. *Fossile :* Dépôt des Queyrades n° 1. R.

Nav. Columnaris Ehrb. (Ehrb. Micr. t. 14, fig. 23).

Puy-de-Dôme. *Fossile :* Dépôt de Rouilhas-Bas. R.

Espèce nouvelle pour la flore française.

Obs. — D'après la forme générale et les dimensions du frustule, la Diatomée de Rouilhas-Bas est bien celle d'Ehrenberg. Dans son Atlas, pl. 49, fig. 1, Ad. Schmidt donne le dessin d'une forme encore plus grande et qu'il assimile aussi au *Nav. Columnaris* d'Ehrenberg.

Nav. amphigomphus Ehrb. (V. H. S. pl. 13, fig. 2).

Puy-de-Dôme. *Fossile :* Rouilhas-Bas; Ceyssat. — *Vivant :* Bords de l'Allier, à Coudes *(Max. Roux)*. Riom; Effiat; Malintrat; Pont-du-Château (!).

Cantal. Saint-Georges, près de Saint-Flour; Largnat; Lachourlie; Boisset; bords de la Maronne, sous Salers (!).

Hab. Eaux vives, en plaine et en montagne. AR.

Nav. lævissima Grun. (V. H. S. pl. 13, fig. 13).

PUY-DE-DÔME. *Fossile :* Puy de Mur; Rouilhas-Bas. — *Vivant :* Eaux minérales de Saint-Nectaire *(Max. Roux)*.

CANTAL. Eaux minérales de Chaudesaigues (!).

Hab. Eaux stagnantes, douces ou minérales. R.

Forma **elongata** M. Perag. et F. Hérib. *nov.*

Ne se distingue du type que par sa forme beaucoup plus allongée.

PUY-DE-DÔME. Dépôt de la Cassière. R.

Nav. trinodis W. Sm. (V. H. S. pl. 14, fig. 31, *a* = *Nav. lævissima* var.).

PUY-DE-DÔME. Eaux minérales de Sainte-Marguerite (!).

CANTAL. Rochers du Pas-de-Roland, sur Mousses humides; cascade du Saillant, près de Saint-Flour (!).

Hab. Eaux minérales de la plaine, Mousses humides et cascades des hautes vallées. R.

Nav. dilatata Ehrb. (A. S. Atl. pl. 49, fig. 9).

PUY-DE-DÔME. *Fossile :* Rouilhas-Bas; Creux Mortier; Ponteix. AR.

Navicula nouveau pour la flore française.

Nav. Peisonis Grun. (A. S. Atl. pl. 49, fig. 24).

PUY-DE-DÔME. *Fossile :* Champeix; Creux Mortier. R.

Nav. dubia Ehrb. (A. S. Atl. pl. 49, fig. 11 = *Nav. Peisonis* Grun ?).

PUY-DE-DÔME. *Fossile :* Dépôt de Ponteix. R.

Nav. affinis Ehrb. (V. H. S. pl. 13, fig. 4).

PUY-DE-DÔME. *Fossile :* Dépôt de Randanne. — *Vivant :* Job, près d'Ambert; tourbières de Vassivière;

Croix-Morand; lac Chambon; lac de Montcineyre; lac d'Aydat; narse de la Cassière; Pierre-sur-Haute (!).

CANTAL. Le Lioran; Aurillac; le Falgoux (!).

Hab. Eaux stagnantes; marais tourbeux; plaine et montagne. AR.

Var. **undulata** Grun. (V. H. S. pl. 13, fig. 6).

CANTAL. Marais tourbeux, près de Saint-Urcize. R.

Nav. producta W. Sm. (A. S. Atl. pl. 49, fig. 37 à 39).

PUY-DE-DÔME. Eaux minérales de Sainte-Marguerite; Sayat (!). Saint-Nectaire *(Max. Roux)*.

Hab. Plantes aquatiques des eaux stagnantes. R.

Nav. amphirhynchus Ehrb. (A. S. Atl. pl. 49, fig. 27 à 29).

PUY-DE-DÔME. *Fossile :* Creux Mortier; les Queyrades n°s 1 et 2; Pré Cohendy. — *Vivant :* Lac inférieur de la Godivelle; lac Chauvet; narse de la Cassière; eaux minérales de Sainte-Marguerite (!).

CANTAL. Cascade de Saint-Paul, près de Salers; Saint-Jacques-des-Blats; Massiac (!).

Hab. Lacs, tourbières; eaux vives ou stagnantes. AR.

Var. **major** M. Perag. et F. Hérib. *nov.*

La longueur de cette forme peut atteindre jusqu'à 95μ.

PUY-DE-DÔME. *Fossile :* Dépôt du Pré Cohendy. R.

Obs. — Quelques auteurs considèrent les *Nav. producta* et *amphirhynchus* comme simples variétés du *Nav. affinis* d'Ehrenberg.

Nav. patula W. Sm. (Br. D. A. J. pl. 7, fig. 33 = *Nav. latiuscula* Ktz.).

PUY-DE-DÔME. Lac d'Aydat; lac Chauvet; lac de la

Faye; tourbières de la Croix-Morand; narse d'Espinasse (!).

Hab. Grands lacs des montagnes; tourbières des hauts plateaux. R.

Nav. americana Ehrb. (V. H. S. pl. 12, fig. 37).

PUY-DE-DÔME. *Fossile :* Dépôt de la Cassière. R.

Espèce nouvelle pour la flore française.

Var. **bacillaris** M. Perag. et F. Hérib. *nov.* (Pl. IV, fig. 13).

Forme bacillaire et plus étroite que le type.

PUY-DE-DÔME. *Fossile :* Dépôt de la Cassière. R.

Forma **minor** M. Perag. et F. Hérib. *nov.* (Pl. IV, fig. 12).

Ne diffère de la variété précédente que par sa taille beaucoup plus petite.

PUY-DE-DÔME. *Fossile :* Dépôt de la Cassière. AR.

Nav. firma Ktz. (A. S. Atl. pl. 49, fig. 3).

PUY-DE-DÔME. *Fossile :* Les Queyrades n° 2; Rouilhas-Bas; Saint-Saturnin. — *Vivant :* Etang de Chancelade *(Montel).* Lac Chambon (!).

CANTAL. Saint-Urcize (!). Tourbières du Cézallier; Allanche *(Biélawski).*

Hab. Lacs, étangs, fossés d'irrigation, cascades. AR.

Var. **W. Sm.** (W. Sm. Ann. pl. 63, fig. 1. — 1865).

PUY-DE-DÔME. Mont-Dore *(W. Smith).* R.

Nav. ampliata Ehrb. (A. S. Atl. pl. 49, fig. 4 et 5).

PUY-DE-DÔME. *Fossile :* Ceyssat; les Queyrades n° 2; Randanne; la Cassière; Verneuge; Rouilhas-Bas; Creux Mortier; Saint-Saturnin. AR.

Var. **minor** M. Perag. et F. Hérib. *nov.*

Cette forme réduite mesure à peine 45μ de longueur.

PUY-DE-DÔME. *Fossile :* Dépôt de Verneuge. R.

Nav. bisulcata Lag. (A. S. Atl. pl. 49, fig. 17).
PUY-DE-DÔME. *Fossile :* La Cassière; Creux Mortier. R.

Forma **major** M. Perag. et F. Hérib. *nov.*
Ne diffère de la forme type que par ses plus grandes dimensions. Longueur 90μ.
PUY-DE-DÔME. *Fossile :* Dépôt du Pré Cohendy. R.

GROUPE DES BACILLÉES.

Nav. Bacillum Ehrb. (V. H. S. pl. 13, fig. 8).
PUY-DE-DÔME. Etang Gaubert, près de Lezoux; Ambert; Arlanc; narse de la Cassière; la Croix-Morand (!). Gour de Tazanat *(F. Hardouin).*
CANTAL. Salers; le Falgoux; Mandaille; Saint-Mamet; Maurs (!).
Hab. Sur les plantes aquatiques des eaux stagnantes de la plaine et de la montagne. AR.

Forma **minor** (V. H. S. pl. 13, fig. 10).
PUY-DE-DÔME. *Fossile :* Dépôt deVerneuge; Olby. AR.

Obs. — La Navicule du dépôt d'Olby ne ressemble pas tout à fait à la forme représentée par la figure 10, pl. 13 de Van Heurck; elle est presque elliptique, à terminaisons allongées, et la partie centrale bacillaire très courte.

Nav. bacilliformis Grun. (V. H. S. pl. 13, fig. 11).
PUY-DE-DÔME. *Fossile :* La Cassière; les Queyrades n° 2; Saint-Loup. R.
Navicule nouvelle pour la flore française.

Nav. bacillaris Greg. (V. H. S. pl. 12, fig. 27 et 28).
Je n'ai pu réussir à retrouver cette espèce, signalée en Auvergne par M. H. Peragallo.

Nav. lepida Grég. (V. H. S. pl. 13, fig. 12).

PUY-DE-DÔME. *Fossile :* Dépôt de la Cassière. R.

Nav. pseudobacillum Grun. (V. H. S. pl. 13, fig. 9).

PUY-DE-DÔME. *Fossile :* Dépôt de la Cassière. AR.

Ces deux dernières Navicules sont nouvelles pour la France.

Var. **major** M. Perag. *nov.*

Ressemble, comme forme, à la fig. 9 de la pl. 13 de Van Heurck, et à la description du *Nav. Bacillum* donnée par M. Brun, dans ses *Diatomées des Alpes et du Jura*, page 71, mais elle en diffère par les stries qui n'arrivent pas jusqu'au raphé, et par ses dimensions plus grandes. Longueur 80μ en moyenne, au lieu de 35μ.

PUY-DE-DÔME. *Fossile :* Dépôt de Saint-Saturnin. AC.

Nav. Pupula (V. H. S. pl. 13, fig. 15 = *Stauroneis rectangularis* Greg.)

PUY-DE-DÔME. *Fossile :* Dépôt de Ceyssat. — *Vivant :* Etang Gaubert, près de Lezoux (!). Gour de Tazanat *(F. Hardouin).* Theix; Saint-Genès-Champanelle (!). Sondage du lac Pavin (*Ch. Bruyant* et *P. Gautier).*

CANTAL. Lac de la Crégut; ravin de la Croix, au Lioran; Murat (!).

Hab. Eaux stagnantes de la plaine; grands lacs des montagnes. R.

Obs. — Le *Nav. Pupula* est peut-être la forme désignée par Ehrenberg sous le nom de *Nav. silicula.*

Var. **minuta** K'z. (V. H. S. pl. 13, fig. 16).

PUY-DE-DÔME. *Fossile :* Saint-Saturnin; la Cassière; Rouilhas-Bas. AR.

GROUPE DES MINUTISSIMÉES.

Nav. perminuta Grun. (V. H. S. pl. 14, fig. 7 = *Nav. veneta* Ktz. var.).

PUY-DE-DÔME. Fontaine de la place Delille, à Clermont (!). R.

Nav. pumila Grun. (V. H. S. pl. 14, fig. 35 = *Nav. veneta* Ktz. var.).

PUY-DE-DÔME. *Fossile :* Dépôt de Randanne. — *Vivant :* Fontaine de la place Delille, à Clermont. R.

Ces deux petites espèces sont à rechercher dans les eaux stagnantes de la plaine.

Nav. seminulum Grun. (V. H. S. pl. 14, fig. 8. *B.* = *Nav. oculata* Bréb.).

PUY-DE-DÔME. Eaux minérales de la Bourboule *(P. Petit)*. Fontaine près de la gare de Royat *(F. Pierre)*. Eaux minérales de Sainte-Marguerite (!).

CANTAL. Source vive située sous les rochers Saint-Jacques, à Saint-Flour (!). Farges, près de Paulhac *(Albert Sagette)*. AR.

Hab. Sur les plantes aquatiques des eaux stagnantes de la plaine et de la montagne. R.

Var. **fragilarioides** Grun. (V. H. S. pl. 14, fig. 10).

PUY-DE-DÔME. *Fossile :* Dépôt de Verneuge. — *Vivant :* Fontaine près de la gare de Royat *(F. Pierre)*. AR.

Nav. Creguti F. Hérib. et M. Perag. *nov.* (Pl. IV, fig. 17).

Valve elliptique ou plus ou moins rhomboïdale, à terminaisons largement arrondies. Stries radiantes, nettes, fortes et interrompues, ou plutôt très raccourcies au centre, où elles forment un pseudo-stauros large, bordé par 3 ou 4 stries très courtes; les deux points, terminant le raphé au nodule central, sont très éloignés l'un de l'autre. La longueur du frustule varie entre 28 et 35μ, avec 12 à 15 stries en 10μ.

PUY-DE-DÔME. *Fossile :* Ceyssat; Randanne; les Queyrades n° 2. AC.

Cette espèce fossile est dédiée à M. l'abbé Régis Crégut, en souvenir des nombreux matériaux d'étude qu'il a eu l'amabilité de me procurer.

Var. **lanceolata** M. Perag. et F. Hérib. *nov.* (Pl. IV, fig. 18).

Variété remarquable par sa forme lancéolée-rhomboïdale.

PUY-DE-DÔME. *Fossile :* Mêlée au type, et tout aussi fréquente.

Nav. minima Grun. (V. H. S. pl. 14, fig. 15 = *Nav. minutissima* Grun. *nec* Rab.).

PUY-DE-DÔME. *Fossile :* Dépôt du Creux Mortier. AR.

Nav. atomus Grun. (V. H. S. pl. 14, fig. 24 = *Synedra atomus* Rab.).

PUY-DE-DÔME. Eaux minérales de la Bourboule *(P. Petit)*. Saint-Nectaire (!).

Hab. Eaux minérales de la région montagneuse. AR.

Nav. atomoides Grun. (V. H. S. pl. 14, fig. 12).

PUY-DE-DÔME. Source minérale de Saint-Floret; Job, près d'Ambert (!).

Hab. Eaux stagnantes, douces ou minérales. AR.

Nav. falaisensis Grun. (V. H. S. pl. 14, fig. 5).

PUY-DE-DÔME. *Fossile :* Dépôt du Creux Mortier. R.

Nav. pelliculosa Hilse (V. H. S. pl. 14, fig. 32 = *Frustulia pelliculosa* Bréb.).

CANTAL. Pente nord du Plomb du Cantal; source de l'Allagnon; sommet de la Margeride (!).

Hab. Sources vives des montagnes. R.

Nav. minuscula Grun. (V. H. S. pl. 14, fig. 3).

PUY-DE-DÔME. *Fossile :* Dépôt de Saint-Saturnin. AR.

Nav. binodis W. Sm. (Br. D. A. J. pl. 7, fig. 18).

PUY-DE-DÔME. Gour de Tazanat *(F. Hardouin)*. Tourbières de la Croix-Morand (!).

Hab. Çà et là sur les plantes aquatiques des eaux stagnantes; Mousses humides, tourbières. AR.

Nav. Rotæana Grun. (V. H. S. pl. 14, fig. 17).

PUY-DE-DÔME. *Fossile :* Les Queyrades n° 1. — *Vivant :* Job, près d'Ambert; Courty, près de Thiers (!). Etang de Chancelade *(Montel)*.

Hab. Eaux stagnantes, à toutes les altitudes. R.

Var. **minor** Grun. (V. H. S. pl. 14, fig. 18 et 19).

CANTAL. Lac de la Crégut (!). R.

Var. **oblongella** Grun. (V. H. S. pl. 14, fig. 21).

PUY-DE-DÔME. Theix; Chanonat (!). R.

Nav. perpusilla Grun. V. H. S. pl. 14, fig. 22 et 23 = *Nav. latissima* Greg.).

CANTAL. Rochers humides du Pas-de-Roland; source vive près du sommet du Plomb (!).

Hab. Cascades et rochers humides des montagnes. R.

GENRE **Amphipleura** KTZ. 1844.

Amph. pellucida Ktz. (V. H. S. pl. 17, fig. 14 et 15).
PUY-DE-DÔME. Champeix; le Buisson *(Max. Roux)*. Tazanat; Aulnat; Ambert; Lezoux (!).
CANTAL. Maurs; Arpajon; les Quatre-Chemins, près d'Aurillac (!).
Hab. Eaux limoneuses; étangs, marais tourbeux. AR.

GENRE **Pleurosigma** W. SM. 1853.

Pl. attenuatum Ktz. (V. H. S. pl. 21, fig. 11).
PUY-DE-DÔME. Fontaine du village de Tazanat *(Desnier)*. Bords de l'Allier, sous Mirefleurs (!).
CANTAL. Fossés vaseux, sous le village de Montmurat (!).
Hab. Eaux stagnantes, calcaires ou siliceuses. R.

Pl. acuminatum (Ktz.) Grun. (V. H. S. pl. 21, fig. 12 = *Pl. lacustre* W. Sm.).
PUY-DE-DÔME. Le Buisson; Saint-Babel; Issoire; Pionsat *(Max. Roux)*. Eaux minérales de Sainte-Marguerite; Aulnat; Vertolaye (!). Lussat *(Lastiolas)*.
CANTAL. Maurs; Arpajon; Massiac; Pleaux (!).
Hab. Dans toutes les eaux stagnantes de la plaine. AC.

Var. **scalproides** Rab. (V. H. S. pl. 21, fig. 1).
PUY-DE-DÔME. Çà et là, mêlé au type. AR.

Pl. Spencerii W. Sm. (W. Sm. B. D. pl. 22, fig. 15).
PUY-DE-DÔME. *Fossile :* Saint-Saturnin; Varennes n° 1. — *Vivant :* Le Buisson *(Max. Roux)*. Sondage du lac

d'Aydat *(Ch. Bruyant)*. Aulnat; marais de Cœur; bords de l'Allier, à Pont-du-Château (!).

CANTAL. Fossés vaseux, près de Maurs (!).

Hab. Etangs, fossés limoneux de la plaine, bords vaseux des cours d'eau peu rapides. AR.

Pl. Kützingii Grun. (V. H. S. pl. 21, fig. 14 = *Pl. gracilentum* Rab.).

CANTAL. Bords du Lot, à Vieillevie; étang du Trioulou, près de Saint-Constans (!).

Hab. Mêmes stations que l'espèce précédente, à laquelle quelques auteurs le rattachent comme variété. R.

GENRE **Amphiprora** EHRB. 1843.

Amph. recta Greg. (M. J. pl. 1, fig. 40. — 1857).

PUY-DE-DÔME. *Fossile :* Dépôt marin du puy de Mur. R.

Espèce marine nouvelle pour la flore française.

SOUS-FAMILLE II. — PSEUDO-RAPHIDÉES.

5e TRIBU. — EUNOTIÉES.

GENRE **Epithemia** BRÉB. 1838.

Ep. turgida Ktz. (V. H. S. pl. 31, fig. 1 et 2).

PUY-DE-DÔME. *Fossile :* Les Queyrades n° 2; Randanne; Pré Cohendy; Saint-Saturnin; Ceyssat; Ponteix; Verneuge; Varennes n° 3; Champeix; Creux Mortier. — *Vivant :* Lac Guéry; eaux minérales de Sainte-Marguerite; lac Pavin; étang Gaubert, près de Lezoux; lac d'Aydat; Theix; plateau de Châteaugay; grotte de Saint-Floret; Médagues(!). Gour de Tazanat *(F. Hardouin).* Saint-Nectaire; le Buisson; Saint-Germain-Lembron *(Max. Roux).* Sondage du lac Pavin *(P. Gautier* et *Ch. Bruyant).*

CANTAL. Massiac; Vic-sur-Cère; Murat; Salers; Saint-Flour; Raulhac; Prat-de-Bouc; Dienne; Saint-Jacques-des-Blats (!).

Hab. Eaux stagnantes de la plaine; lacs et tourbières des montagnes. C.

Obs. — L'*Ep. turgida* du dépôt des Queyrades n° 2, pourrait être considéré comme une variété, car les extrémités, au lieu d'être prolongées vers le bas, comme dans la figure de Van Heurck, ou dans le prolongement de la valve, comme dans W. Smith, sont franchement retournées vers le dos.

Dans le dépôt de Saint-Saturnin, on trouve une forme réduite dont la longueur atteint à peine 63μ.

Var. **granulata** Grun. (V. H. S. pl. 31, fig. 5 et 6).

Puy-de-Dôme. *Fossile :* Ceyssat; la Cassière; Champeix; Rouilhas-Bas. — *Vivant :* Lac Pavin; lac d'Aydat(!). Etang salé de la Reveille, près du Buisson *(Max. Roux)*. Sondage du lac Pavin *(Ch. Bruyant* et *P. Gautier)*.

Var. **Vertagus** Ktz. (V. H. S. pl. 31, fig. 7).

Puy-de-Dôme. *Fossile :* Ceyssat; les Queyrades n° 2; Champeix; Saint-Saturnin. — *Vivant :* Narse d'Espinasse; Laqueuille; Picherande (!).

Cantal. La Vigerie, près de Dienne; Salers (!). AR.

Forma **crassa** M. Perag. et F. Hérib. *nov.* (Pl. III, fig. 16).

Intermédiaire entre l'*Ep. turgida* et l'*Ep. Westermannii* de Kützing.

Puy-de-Dôme. *Fossile :* Dépôt de Ceyssat. AC.

Ep. Westermannii Ktz. *nec* W. Sm. (V. H. S. pl. 31, fig. 8).

Puy-de-Dôme. *Fossile :* Varennes n° 1; Champeix. — *Vivant :* Etang Gaubert, près de Lezoux; lac inférieur de la Godivelle; Ennezat; eaux minérales de Sainte-Marguerite (!).

Hab. Ordinairement mêlé à l'*Ep. turgida*, dont il n'est peut-être qu'une variété.

Ep. Hyndmanii W. Sm. (V. H. S. pl. 31, fig. 3 et 4).

Puy-de-Dôme. *Fossile :* Varennes n°s 1 et 2; Champeix.

Cantal. *Fossile :* Dépôt de Joursac. R.

Se trouve aussi dans les dépôts de Charay et de Pourchères (Ardèche).

Var. **curta** M. Perag. et F. Hérib. *nov.* (Pl. III, fig. 17).

Forme très courte, presque triangulaire, et dont la longueur égale à peine deux fois et demie la largeur.

Puy-de-Dôme. *Fossile :* Dépôt de Varennes n° 2. AR.

Ep. Sorex Ktz. (V. H. S. pl. 32, fig. 6 à 8).

Puy-de-Dôme. *Fossile :* Ceyssat ; Saint-Saturnin ; Champeix. — *Vivant :* Lac Pavin ; lac de Chambédaze ; lac inférieur de la Godivelle ; lac de la Landie ; lac de Laspialade ; Lezoux ; Médagues ; Sainte-Marguerite (!). Murols ; Vic-le-Comte ; Saint-Nectaire *(Max. Roux).* Sondage du lac d'Aydat *(Ch. Bruyant).*

Cantal. Vic-sur-Cère ; Raulhac ; Carlat ; Saint-Flour ; Polmignac ; Pleaux ; Mauriac (!).

Hab. Grands lacs, cascades et tourbières des montagnes ; çà et là dans les eaux vives de la plaine. AC.

Ep. gibba Ehrb. (V. H. S. pl. 23, fig. 1 et 2).

Puy-de-Dôme. *Fossile :* Les Queyrades n° 1 ; Randanne ; Pré Cohendy ; Saint-Saturnin ; Ceyssat ; Champeix ; Creux Mortier. — *Vivant :* Lac Guéry ; lac d'Aydat ; lac inférieur de la Godivelle ; étang Gaubert, près de Lezoux ; lac Chauvet ; lac des Esclauses ; lac Chambon (!). Sondage du lac Pavin *(Ch. Bruyant* et *P. Gautier).* Murols ; Champeix *(Max. Roux).*

Cantal. Allanche ; Murat ; Dienne ; le Lioran ; le Falgoux ; Ruines (!).

Hab. Sur les plantes aquatiques des eaux stagnantes, à toutes les altitudes. AC.

Var. **parallela** Grun. (V. H. S. pl. 32, fig. 3).

Puy-de-Dôme. *Fossile :* Ceyssat ; Rouilhas-Bas. — *Vivant :* Saint-Nectaire *(Max. Roux).* Eaux minérales de Sainte-Marguerite (!). AR.

Var. **ventricosa** Grun. (V. H. S. pl. 32, fig. 4 et 5).

Puy-de-Dôme. *Fossile :* Ceyssat ; les Queyrades n° 1 ; Roüilhas-Bas ; Verneuge ; Pré Cohendy. — *Vivant :* Lac Pavin ; lac Guéry ; lac Servière ; lac de la Landie ; Lezoux ; Sainte-Marguerite (!). Montaigut-le-Blanc *(Max. Roux).*

CANTAL. Massiac; Vic-sur-Cère; Maurs (!). AR.
Ces deux variétés sont souvent mêlées au type.

Forma **longissima** M. Perag. et F. Hérib. *nov.*
Ne se distingue du type que par sa longueur plus grande; elle peut atteindre 220μ.
PUY-DE-DÔME. *Fossile :* Dépôt de Ponteix. R.

Ep. succincta Bréb. (V. H. S. pl. 32, fig. 16 à 18).
PUY-DE-DÔME. *Fossile :* Dépôt de Vassivière. R.

Ep. Argus Ktz. (V. H. S. pl. 31, fig. 15 à 18 = *Ep. intermedia* Hilse).
PUY-DE-DÔME. La Bourboule *(Max. Roux)*. Etang Gaubert, près de Lezoux; lac d'Aydat; lac Servière; Fontanat; Pont-des-Eaux; Rochefort (!).
CANTAL. Cascade de Saint-Paul, près de Salers; Dienne; le Lioran; Lavergne, près de Boisset (!).
Hab. Grands lacs, cascades, marais tourbeux; en plaine et en montagne. AC.

Var. **amphicephala** Grun. (V. H. S. pl. 31, fig. 19).
PUY-DE-DÔME. *Fossile :* Dépôt de Saint-Saturnin. R.

Var. **alpestris** W. Sm. (W. Sm. B. D. pl. 1, fig. 7).
PUY-DE-DÔME. *Fossile :* Assez fréquent dans la partie légère du dépôt de Ponteix.

Ep. constricta W. Sm. (W. Sm. B. D. pl. 30, fig. 248).
PUY-DE-DÔME. *Fossile:* Dépôt de Vassivière. R.

Ep. Zebra Ktz. (V. H. S. pl. 31, fig. 9 = *Ep. adnata* Bréb.).
PUY-DE-DÔME. *Fossile :* La Cassière; Pré Cohendy; les Queyrades n°1; Randanne; Olby; Varennes n° 3; Vassi-

vière; Ponteix; Rouilhas-Bas; Ceyssat; Saint-Saturnin; Creux Mortier. — *Vivant:* Lac Pavin; lac Guéry; lac de la Landie; lac de Laspialade; lac Chauvet; tourbières de Saint-Genès-Champespe; la Godivelle; Picherande; Saurier; Valbeleix; Ardes-sur-Couze; Olloix (!). Sondage du lac d'Aydat *(Ch. Bruyant).*

CANTAL. *Fossile:* Dépôt de Joursac. — *Vivant:* Lac de la Crégut; Condat; Menet; Saint-Urcize; bords de la Truyère, sous le pont de Garabit (!).

Hab. Mêmes stations que l'espèce précédente. AC.

Var. **proboscidea** Grun. (V. H. S. pl. 31, fig. 10).

PUY-DE-DÔME. *Fossile :* Saint-Saturnin ; Creux Mortier; Champeix. — *Vivant :* Lac Pavin; lac Chauvet; Narse d'Espinasse (!). Saint-Nectaire *(Max. Roux).*

CANTAL. Cascade de Saint-Paul, près de Salers; lac de la Crégut; Saint-Flour; Mauriac (!). AC.

Obs. — L'*Epithemia proboscidea* du dépôt de Saint-Saturnin diffère sensiblement de la figure donnée par Van Heurck; il se rapprocherait plutôt de l'*Epithemia Argus* var. *amphicephala*, figure 19 de la même planche; cependant la forme de notre dépôt fossile présente tous les caractères de l'*Epithemia Zebra* et non ceux de l'*Ep. Argus.*

Var. **longissima** M. Perag. et F. Hérib. *nov.* (Pl. III, fig. 13).

Diffère du type par sa longueur beaucoup plus grande; elle atteint 120μ.

PUY-DE-DÔME. *Fossile:* Dépôt de Rouilhas-Bas. AR.

Var. **longicornis** M. Perag. et F. Hérib. *nov.* (Pl. III, fig. 14).

Forme allongée de l'*Epith. Zebra ;* ressemble tout à fait à l'*Ep. longicornis* Ehrb.

W. Smith identifie cette forme à l'*Ep. ocellata*, mais, dans le dépôt des Queyrades n° 1, pas plus que dans celui de Ceyssat, on ne trouve aucune face connective pouvant se rapporter à l'*Ep. ocellata;* toutes les faces connectives qu'on y observe, et appartenant à l'*Ep. longicornis*, sont identiques à celles de l'*Ep. Zebra*.

PUY-DE-DÔME. *Fossile :* Les Queyrades n° 1; Ceyssat. AR.

Var. **undulata** M. Perag. et F. Hérib. *nov.* (Pl. III, fig. 15).

Forme grêle et ondulée, surtout sur la face dorsale. Longueur 120μ. Cette curieuse variété pourrait bien ne pas être autre chose qu'une déformation de la précédente.

PUY-DE-DÔME. *Fossile :* Dépôt de Ceyssat. AR.

Var. **minor** M. Perag. et F. Hérib. *nov.*

Forme courte et arrondie. Longueur atteignant à peine 30μ. Analogue à l'*Ep. textricula* Ktz.

PUY-DE-DÔME. *Fossile :* Dépôt de Ceyssat. AR.

Forma **curta** M. Perag. et F. Hérib. *nov.*

PUY-DE-DÔME. *Fossile :* Randanne; Olby. R.

Obs. — On trouve, dans le dépôt de Saint-Saturnin, une variété de l'*Ep. Zebra*, dans laquelle la face ventrale, au lieu d'avoir une courbure uniforme, suit la cloison interne presque jusqu'à sa pointe, bien marquée par un point très brillant.

Ep. gibberula Ehrb. (V. H. S. pl. 32, fig. 11 à 13 = *Ep. textricula* Ktz.).

PUY-DE-DÔME. *Fossile :* Ceyssat; Randanne; Saint-Saturnin; Vassivière. — *Vivant :* Eaux minérales de Saint-Nectaire *(Max. Roux)*. Gimeaux; Sainte-Marguerite; le Salet, près de Courpière (!).

CANTAL. Chaudesaigues; eaux minérales de Vic-sur-Cère (!).

Hab. Eaux minérales de la plaine et de la montagne. AR.

Var. **producta** Grun. (V. H. S. pl. 32, fig. 13).

PUY-DE-DÔME. *Fossile :* Dépôt de Saint-Saturnin. — *Vivant :* Eaux minérales de Saint-Nectaire *(Max. Roux)*. Médagues (!). R.

Ep. ocellata Ehrb. (Br. D. A. J. pl. 2, fig. 12).

PUY-DE-DÔME. *Fossile :* Dépôt de Randanne.

CANTAL. Prairies tourbeuses de Saint-Urcize ; lac de la Crégut (!).

Hab. Tourbières des hauts plateaux ; grands lacs. R.

Ep. rupestris W. Sm. (S. B. D. pl. 1, fig. 12).

PUY-DE-DÔME. Mont-Dore *(W. Smith).*

CANTAL. Pente nord du puy Mary ; sommet du ravin de la Croix, au Lioran (!).

Hab. Mousses humides et parois des cascades des montagnes. R.

GENRE **Eunotia** EHRB. 1837.

(Comprenant le genre *Himantidium* des aut.)

Eun. Arcus Ehrb. *nec* W. Sm. (V. H. S. pl. 34, fig. 2).

PUY-DE-DÔME. *Fossile :* Rouilhas-Bas ; Vassivière ; Saint-Saturnin. — *Vivant :* Mont-Dore *(Max. Roux).* Ambert ; Pierre-sur-Haute ; tourbières de Vassivière ; Billom ; bords de l'Allier, à Bellerive ; Fontanat ; Orcival ; Enval, près de Riom ; Lezoux (!).

CANTAL. Arpajon *(J. Brun).* Le Rouget ; Maurs ; bords du Lot, à Vieillevie ; Raulhac (!). Tourbières du Cézallier *(Biélawski).*

Hab. Espèce commune dans toutes les eaux de la plaine ; tourbières des montagnes.

Var. **bidens** Grun. (V. H. S. pl. 34, fig. 7).

Presque toujours mêlé au type.

Var. **hybrida** Grun. (V. H. S. pl. 34, fig. 4).

PUY-DE-DÔME. *Fossile :* Dépôt de Vassivière. AR.

Var. **plicata** J. Br. et F. Hérib. *nov.* (Pl. I, fig. 5 et Pl. V, fig. 6 et 7).

Les dimensions, la striation et les terminaisons tronquées sont comme dans le type, mais la valve porte latéralement une forte plissure formant une encoche plus ou moins allongée, et souvent plus rapprochée d'un pôle que de l'autre.

PUY-DE-DÔME. *Fossile :* Dépôt de Vassivière. C.

Eun. major (W. Sm.) Rab. (V. H. S. pl. 34, fig. 14).

PUY-DE-DÔME. *Fossile :* Ponteix; la Cassière; Saint-Loup; Champeix. — *Vivant :* Source minérale, près du village de Tazanat *(Desnier)*. Pontgibaud; sources vives de Fontanat; Pont-des-Eaux; grotte de Royat; Laqueuille (!). Vallée de la Cour, au Mont-Dore *(Max. Roux)*.

CANTAL. *Fossile :* Dépôt de Joursac. — *Vivant :* Source de l'Allagnon; Boisset; Salers (!). Arpajon *(J. Brun)*.

Hab. Eaux vives, siliceuses ou calcaires; assez commun en montagne, plus rare en plaine.

Var. **bidens** (Greg). W. Sm. (V. H. S. pl. 34, fig. 15).

PUY-DE-DÔME. *Fossile :* Dépôt de Ponteix. — *Vivant :* Lac Pavin; lac de Laspialade; étang, près de Lezoux (!).

CANTAL. Base du puy Mary (!). AR.

Eun. gracilis (Ehrb.) Rab. (V. H. S. pl. 33, fig. 1 et 2).

PUY-DE-DÔME. *Fossile :* Ponteix; les Queyrades n°s 1 et 2; Saint-Saturnin; Vassivière. — *Vivant :* Marais de la Croix-Morand; tourbières de Saint-Genès-Champespe; lac Chauvet (!). Lac Chambon *(Max. Roux)*.

CANTAL. Arpajon *(J. Brun)*. Maurs; Lachourlie (!).

Hab. Ruisseaux, sources vives, tourbières des hauts plateaux. AR.

Forma **major** M. Perag. et F. Hérib. *nov.*

Grande forme, se rapprochant de l'*Eun. gracilis* par son

aspect et le recourbement de ses extrémités, et de l'*Eun. formica* Ehrb. (V. A. S. pl. 34, fig. 1) par sa dilatation ventrale, mais la dilatation dorsale manque. Longueur 170μ.

PUY-DE-DÔME. *Fossile :* Dépôt de Rouilhas-Bas. AR.

Eun. pectinalis (Ktz.) Rab. (V. H. S. pl. 33, fig. 15).

PUY-DE-DÔME. Tourbières de la Croix-Morand ; sommet de Pierre-sur-Haute ; lac de Laspialade ; narse d'Espinasse ; vallée de Chaudefour, au Mont-Dore (!).

CANTAL. Tourbières du Cézallier *(Biélawski)*. Sommet du ravin de la Croix, au Lioran ; Saint-Jacques-des-Blats ; Salers ; marais de la Margeride ; cascade du Saillant, près de Saint-Flour (!).

Hab. Eaux vives, cascades, lacs, tourbières des montagnes. AC.

Var. **ventricosa** Grun. (Pl. V, fig. 5).

PUY-DE-DÔME. *Fossile :* Dépôt de Vassivière. R.

Var. **undulata** Ralfs (V. H. S. pl. 33, fig. 17).

PUY-DE-DÔME. *Fossile :* Dépôt de Vassivière. — *Vivant :* Etang Gaubert, près de Lezoux (!).

CANTAL. Lac de la Crégut (!). AR.

Var. **stricta** Rab. (V. H. S. pl. 33, fig. 18).

PUY-DE-DÔME. *Fossile :* Dépôt des Queyrades n° 2. AC.

Forma **elongata** Rab. (V. H S. pl. 33, fig. 16).

PUY-DE-DÔME. *Fossile :* Dépôt de Saint-Saturnin. — *Vivant :* Sommet de Pierre-sur-Haute (!). AR.

Eun. minor (Ktz.). Rab. (V. H. S. pl. 33, fig. 20 et 21).

PUY-DE-DÔME. *Fossile :* Ceyssat ; les Queyrades n°s 1 et 2 ; la Cassière ; Verneuge ; Vassivière ; Saint-Loup. AR.

Eun. parallela Ehrb. (V. H. S. pl. 34, fig. 16).
PUY-DE-DÔME. *Fossile :* Vassivière ; Ponteix ; les Queyrades n°s 1 et 2. R.

Eun. Faba (Ehrb.) Grun. (V. H. S. pl. 34, fig. 34 = *Eun. Soleirolii* W. Sm. *nec* Ktz.).
PUY-DE-DÔME. *Fossile :* Les Queyrades n° 1; Saint-Saturnin. AR.

Obs. — Les exemplaires observés dans le dépôt des Queyrades sont dépourvus de cloisons internes. La forme *cum valvis internis* se trouve dans le dépôt de Saint-Saturnin.

Eun. robusta Ralfs var. **tetraodon** Ehrb. (V. H. S. pl. 33, fig. 11).
PUY-DE-DÔME. Mont-Dore *(W. Smith).* Lac des Esclauses ; sommet de Pierre-sur-Haute ; tourbières de Vassivière et de Saint-Genès-Champespe (!).
CANTAL. Prairies tourbeuses de Saint-Urcize ; Prat-de-Bouc (!).
Hab. Marais, tourbières et lacs des montagnes. AR.

Eun. monodon Ehrb. (V. H. S. pl. 33, fig. 3).
PUY-DE-DÔME. *Fossile :* Dépôt de Rouilhas-Bas. R.

Var. **diodon** Ehrb. forma **minor** (V. H. S. pl. 33, fig. 5).
PUY-DE-DÔME. *Fossile :* Dépôt de la Cassière. R.

Var. **hendecaodon** Ralfs (V. H. S. pl. 33, fig. 13).
PUY-DE-DÔME. Sommet de Pierre-sur-Haute. AR.

Eun. incisa Greg. (V. H. S. pl. 34, fig. 35. *a*).
PUY-DE-DÔME. Lac des Esclauses ; lac Chauvet (!).
Hab. Grands lacs des montagnes. AR.

Eun. impressa var. **angusta** Grun. (V. H. S. pl. 35, fig. 1).

PUY-DE-DÔME. *Fossile :* La Cassière; Ponteix; Rouilhas-Bas. AR.

Eun. polyglyphis Grun. (V. H. S. pl. 34, fig. 33 = *Eun. polydentula* Ehrb.).

PUY-DE-DÔME. *Fossile :* Varennes n°s 1 et 2. R.

Obs. — Cette espèce se présente avec 4, 5, 6 et 7 dents. Les *Eun. tetraglyphis*, *pentaglyphis* et *hexaglyphis* d'Ehrenberg, ainsi que le fait observer Van Heurck, rentrent dans l'*Eun. polyglyphis* de Grunow. — La forme trouvée dans le dépôt de Varennes est munie de 5 dents.

Eun. tridentula Ehrb. (V. H. S. pl. 34, fig. 29 et 30).

PUY-DE-DÔME. Mont-Dore (*W. Smith*).

CANTAL. Salers; le Falgoux (!). AR.

Hab. Cascades et tourbières des montagnes. AR.

Var. **bidentula** W. Sm. (V. H. S. pl. 34, fig. 28).

PUY-DE-DÔME. *Fossile :* Dépôt de la Cassière. AR.

Eun. prærupta Ehrb. forma **curta** Grun. (V. H. S. pl. 34, fig. 24).

PUY-DE-DÔME. *Fossile :* Dépôt de Randanne.

CANTAL. Rochers humides du Pas-de-Roland.

Hab. Cascades, tourbières et rochers humides des montagnes. R.

Var. **inflata** Grun. (V. H. S. pl. 34, fig. 17).

CANTAL. Prairies tourbeuses, près de Saint-Urcize (!). R.

Var. **bigibba** Ktz. (V. H. S. pl. 34, fig. 26).

CANTAL. Rochers du Pas-de-Roland; cascade de Saint-Paul, près de Salers; base du puy Mary (!). R.

Eun. paludosa Grun. (V. H. S. pl. 34, fig. 9 = *Eun. gracilis* W. Sm. *nec Himantidium gracile* Ehrb.).

PUY-DE-DÔME. Mont-Dore (*W. Smith*). Fournols (*F. Abel-Benoit*). Lac de Laspialade; lac Pavin; marais tourbeux de la Croix-Morand (!).

CANTAL. Le Lioran; Saint-Urcize; base du puy Mary (!).

Hab. Lacs, cascades et tourbières des montagnes. AR.

Eun. Rabenhorstii Cl. et Grun. var. **monodon** (V. H. S. pl. 35, fig. 12. *b*).

PUY-DE-DÔME. *Fossile:* Dépôt de Randanne. R.

Eun. lunaris Grun. (V. H. S. pl. 35, fig. 3 et 4 = *Synedra lunaris* Ehrb.).

PUY-DE-DÔME. *Fossile :* Verneuge; Saint-Loup; les Queyrades n° 1; Pré Cohendy; la Cassière; Randanne; Vassivière; Saint-Saturnin. — *Vivant :* Sondage du lac Pavin (*Ch. Bruyant* et *P. Gautier*). Job, près d'Ambert (type); Theix; Gimeaux (!).

CANTAL. Murat; Saint-Flour; lac de Menet (!).

Hab. Sur les plantes aquatiques des eaux siliceuses ou calcaires; à toutes les altitudes. AR.

Var. **bilunaris** Grun. (V. H. S. pl. 35, fig. 6. *b*).

PUY-DE-DÔME. Marais tourbeux du sommet de Pierre-sur-Haute. R.

Var. **exisa** Grun. (V. H. S. fig. 6. *c*).

PUY-DE-DÔME. *Fossile :* Pré Cohendy; Verneuge; Saint-Loup; les Queyrades n° 1. — *Vivant :* Job, près d'Ambert; Theix (!). R.

Var. **subarcuata** (Næg.) Grun. (V. H. S. pl. 35, fig. 2).

PUY-DE-DÔME. *Fossile:* Dépôts de Verneuge et du Pré Cohendy. R.

Eun. flexuosa Ktz. (V. H. S. pl. 35, fig. 9 et 10).
CANTAL. Salers; Albepierre; base du puy Mary (!).
Hab. Tourbières et rochers humides des montagnes. R.

Var. **bicapitata** Grun. (V. H. S. pl. 35, fig. 11).
PUY-DE-DÔME. *Fossile :* Dépôt de Saint-Saturnin. — *Vivant :* Mont-Dore *(W. Smith)*. R.

GENRE **Raphoneis** EHRB. 1844.

Raph. belgica Grun. (V. H. S. pl. 36, fig. 25).
PUY-DE-DÔME. *Fossile :* Dépôt marin du puy de Mur. R.
Espèce nouvelle pour la flore française, ainsi que la variété suivante :

Var. **elongata** Grun. (V. H. S. pl. 36, fig. 29).
PUY-DE-DÔME. *Fossile :* Dépôt du puy de Mur. R.

Raph. amphiceros Ehrb. (V. H. S. pl. 36, fig. 22 et 23).
PUY-DE-DÔME. *Fossile :* Dépôt du puy de Mur. R.

GENRE **Ceratoneis** EHRB. 1840.

Cer. Arcus Ktz. (V. H. S. pl. 37, fig. 7 = *Eunotia* W. Sm. = *Cymbella* Hass. = *Synedra gibbosa* Ralfs).

PUY-DE-DÔME. *Fossile :* Champeix. — *Vivant :* Mont-Dore *(Max. Roux)*. Pierre-sur-Haute; Laqueuille (!). Cascade de Sainte-Elisabeth, près de Latour-d'Auvergne *(Paillarse)*. Sondage du lac d'Aydat *(Ch. Bruyant)*.

CANTAL. Source vive, près du sommet du Plomb; rochers humides du Pas-de-Roland ; cascade de Saint-Paul, près de Salers; Enchanet, près de Pleaux (!).

Hab. Eaux siliceuses des montagnes; rarement dans la plaine. AR.

Var. **amphioxys** Rab. (Br. D. A. J. pl. 2, fig. 28).
Mêmes stations que le type, mais moins fréquent.

6e Tribu. — FRAGILARIÉES.

Genre **Synedra** Ehrb. 1831.

Syn. Ulna Ehrb. (V. H. S. pl. 38, fig. 7).

Puy-de-Dôme. *Fossile :* Saint-Saturnin (type); Olby; Pré Cohendy; Ceyssat; les Queyrades nos 1 et 2; Saint-Loup; Verneuge; Randanne (en fragments). — *Vivant :* Lac inférieur de la Godivelle; lac d'Aydat; petit bassin du Pensionnat des Frères de Clermont; fontaine de la place Delille, à Clermont (type); Billom (type); Sainte-Marguerite; Pierre-sur-Haute (!). Hospeux; le Buisson; Manglieu; Saint-Nectaire *(Max. Roux)*.

Cantal. Murat; lac de la Crégut; Aurillac (!). Arpajon *(J. Brun)*.

Hab. Eaux vives ou stagnantes; espèce très commune à toutes les altitudes.

Var. **subæqualis** Grun. (V. H. S. pl. 38, fig. 13).

Puy-de-Dôme. *Fossile :* Creux Mortier; Vassivière; Ceyssat. — *Vivant :* Job, près d'Ambert, sur *Callitriche stagnalis*. AR.

Var. **vitrea** Ktz. (V. H. S. pl. 38, fig. 11 à 12 = *Syn. Ulna* var. *æqualis*, forme typique de Kützing).

Puy-de-Dôme. *Fossile :* Ceyssat; Saint-Loup; Creux Mortier; les Queyrades n° 1. — *Vivant :* Laisses de la Dore, sous Thiers, sur *Hottonia palustris (Arbost)*.

Aulnat, près de Clermont; eaux minérales de Saint-Alyre; Billom; fontaine du village de Villars, sur *Hypnum rusciforme* (forma *longirostris* Grun.) (!). Saint-Nectaire *(Max. Roux)*. AR.

Var. **spathulifera** Grun. (V. H. S. pl. 38, fig. 4).

PUY-DE-DÔME. Lac des Esclauses (!).

CANTAL. Saint-Urcize (!). R.

Var. **amphirhynchus** Ehrb. (V. H. S. pl. 38, fig. 5).

PUY-DE-DÔME. — *Fossile :* Dépôt de Saint-Loup. — *Vivant :* Eaux minérales de Sainte-Marguerite; Aulnat, près de Clermont; Job, près d'Ambert (!). Eaux minérales de Gimeaux *(F. Hardouin)*. Sondage du lac Pavin *(Ch. Bruyant* et *P. Gautier)*.

CANTAL. Le Lioran; Vic-sur-Cère (!). Arpajon, près d'Aurillac *(J. Brun)*. AR.

Var. **danica** Ktz. (V. H. S. pl. 38, fig. 14. *a*=*Syn. radians W. Sm.*).

PUY-DE-DÔME. *Fossile :* Saint-Saturnin; Ceyssat; les Queyrades n° 2. — *Vivant :* Billom; Nébouzat; Gimeaux (!). R.

Var. **lanceolata** forma **brevis** Ktz. (V. H. S. pl. 38, fig. 9).

PUY-DE-DÔME. *Fossile* : Dépôt de Saint-Saturnin. AC.

Var. **longissima** W. Sm. (V. H. S. pl. 38, fig. 3).

PUY-DE-DÔME. *Fossile :* Ponteix; Saint-Saturnin; Rouilhas-Bas; les Queyrades n° 2; Ceyssat. — *Vivant :* Lac d'Aydat; lac des Esclauses; Pont-de-Longue, près la gare de Vic-le-Comte; Pontgibaud; Gour de Tazanat (!). Sondage du lac Pavin *(Ch. Bruyant* et *P. Gautier)*. Champeix; Saint-Floret *(Max. Roux)*.

CANTAL. Tourbières du Cézallier *(Biélawski)*. Mauriac; Salers; Pleaux; vallée du Lander, sous Saint-Flour (!). AC.

Var. **obtusa** W. Sm. (V. H. S. pl. 38, fig. 6).

PUY-DE-DÔME. *Fossile :* Ceyssat; Saint-Saturnin.

CANTAL. Lac de la Crégut; lac de Menet (!).

Var. **bicurvata** Grun. (V. H. S. pl. 38, fig. 8).

Tout à fait conforme à la figure désignée ci-dessus.

Puy-de-Dôme. Bord du lac des Esclauses, sur *Hypnum scorpioides* (!). RR.

Obs. — Pour se conformer aux figures d'Ehrenberg et aux descriptions des différents auteurs (excepté à celle de Van Heurck), on est amené à admettre, pour le type du *Syn. Ulna*, une forme linéaire, à extrémités arrondies, dont le diamètre n'est pas supérieur à la largeur de la valve ou très peu, et présentant ou non un très léger étranglement immédiatement au-dessous de l'extrémité, c'est-à-dire dont les terminaisons seraient comprises entre celles des figures 3 et 5 de la pl. 38 de Van Heurck, et à peu près semblables à celles de la fig. 8. Il convient de mettre tout à fait de côté la fig. 7, quoiqu'elle soit semblable à celle donnée par Kützing (Bac. pl. 30), car cette forme est parfaitement dessinée par Ehrenberg sous le nom de *Syn. rostrata*.

Kützing a donné au *Syn. Ulna* la figure du *Syn. rostrata*, et a décrit et figuré cette dernière forme sous le nom de *Syn. æqualis*.

Syn. acuta Ktz. (V. H. S. pl. 39, fig. 3 = *Syn. Acus* var.).

Puy-de-Dôme. *Fossile :* Ceyssat ; Olby. — *Vivant :* Lac Chauvet; lac Guéry (!).

Cantal. Source de l'Allagnon; Vic-sur-Cère (!).

Hab. Çà et là dans les eaux vives et les grands lacs des montagnes. R.

Var. **oxyrhynchus** Ktz. (V. H. S. pl. 39, fig. 1 *a*).

Puy-de-Dôme. *Fossile :* Dépôt de Ceyssat.

Cantal. Cascade du Saillant, près de Saint-Flour (!). R.

Syn. capitata Ehrb. (V. H. S. pl. 38, fig. 1).

Puy-de-Dôme. *Fossile :* Ceyssat ; Rouilhas-Bas. — *Vivant :* Lac d'Aydat; marais de Marmillat; étang de Croptes, près de Lezoux (!).

Hab. Eaux stagnantes; fossés et marais de la plaine. AR.

Syn. Acus (Ktz.). Grun. (V. H. S. pl. 39, fig. 4 *a* = *Syn. oxyrhynchus* W. Sm. *nec* Ktz.).

PUY-DE-DÔME. *Fossile :* Dépôt de Saint-Saturnin. — *Vivant :* Le Buisson; Pionsat *(Max. Roux)*. Etang Gaubert, près de Lezoux (!). R.

CANTAL. Murat; Salers (!). Arpajon *(J. Brun)*.

Hab. Eaux stagnantes de la plaine et des basses montagnes. AR.

Var. **fossilis** Grun. (V. H. S. pl. 39, fig. 5).

PUY-DE-DÔME. *Fossile :* Dépôt de Ceyssat. R.

Var. **angustissima** Grun. (V. H. S. pl. 39, fig. 10).

PUY-DE-DÔME. Etang Gaubert, près de Lezoux (!). R.

Syn. delicatissima W. Sm. (V. H. S. pl. 39, fig. 7).

PUY-DE-DÔME. *Fossile :* Ceyssat; Saint-Saturnin. — *Vivant :* Lac d'Aydat; laisses de l'Allier, à Bellerive (!).

CANTAL. Lac de Madic; étang du Trioulou, près de Saint-Constans (!).

Hab. Etangs, lacs, fossés de la plaine. AC.

Var. **mesoleia** Grun. (V. H. S. pl. 39, fig. 6).

PUY-DE-DÔME. *Fossile :* Dépôt de Ceyssat. R.

Syn. radians Ktz. *nec* W. Sm. (V. H. S. pl. 39, fig. 11).

PUY-DE-DÔME. *Fossile :* Ceyssat. — *Vivant :* Marais de Marmillat, près d'Aulnat; étang de Croptes, près de Lezoux (!). Sondage du lac d'Aydat *(Ch. Bruyant)*.

CANTAL. Etang, près de Saint-Mamet; fossés, près de Montmurat (!).

Hab. Sur les plantes aquatiques des eaux stagnantes de la plaine. AR.

Syn. affinis Ktz. (V. H. S. pl. 41, fig. 13).

PUY-DE-DÔME. *Fossile :* Dépôt marin du puy de Mur. AC.

Var. **subtilis** Grun. (V. H. S. pl. 41, fig. 18).

PUY-DE-DÔME. *Fossile :* Mêlé au type dans le même dépôt, et presque aussi fréquent.

Syn. gracilis (Ktz.) Grun. (V. H. S. pl. 41, fig. 15. *b*).

PUY-DE-DÔME. Eaux minérales de Saint-Nectaire *(Max. Roux)*. Sainte-Marguerite; lac d'Aydat; lac Chambon (!).

CANTAL. Lac de la Crégut; bords de la Cère, à Arpajon (!).

Hab. Assez répandu sur les plantes aquatiques, et notamment sur les Algues filamenteuses.

Syn. rumpens (Ktz.) Grun. (V. H. S. pl. 40, fig. 14).

PUY-DE-DÔME. Etang de Giat, près d'Aigueperse; fossés du marais de Cœur; Maringues (!).

Hab. Eaux stagnantes de la plaine. R.

Syn. Vaucheriæ Ktz. (V. H. S. pl. 40, fig. 19).

PUY-DE-DÔME. Fossés au nord du puy Crouel, près de Clermont; marais de Cœur, près de Riom; bords de l'Allier, à Pont-du-Château (!).

CANTAL. Maurs; Arpajon ; fossés, près de Mauriac (!).

Hab. Etangs, mares et fossés de la plaine; sur les plantes aquatiques. AC.

Var. **parvula** Ktz. (V H. S. pl. 40, fig. 22).

PUY-DE-DÔME. Sondage du lac Pavin *(Ch. Bruyant* et *P. Gautier)*. AR.

Var. **truncata** Ktz. (V. H. S. pl. 40, fig. 20).

PUY-DE-DÔME. Sondage du lac Pavin *(Ch. Bruyant* et *P. Gautier)*. AC.

Syn. barbatula Ktz. (V. H. S. pl. 40, fig. 6. *a*).
PUY-DE-DÔME. Sondage du lac Pavin *(Ch. Bruyant* et *P. Gautier)*. AR.
A rechercher dans les autres lacs d'Auvergne.

GENRE **Asterionella** HASS. 1855.

Aster. formosa Hass. (V. H. S. pl. 52, fig. 1).
PUY-DE-DÔME. Lac Servière; lac des Esclauses; lac Guéry (!).Sondage du lac Pavin; Creux de Soucy *(Ch. Bruyant* et *P. Gautier)*. R.
Hab. Cette belle espèce doit habiter la plupart des lacs d'Auvergne; elle est à rechercher dans celui de la Crégut (Cantal). Je l'ai constatée très abondante dans la récolte pélagique du Creux de Soucy.

Var. **gracillima** Grun. (V. H. S. pl. 51, fig. 22).
PUY-DE-DÔME. *Fossile :* Dépôt de Saint-Saturnin, où il est assez commun, mais toujours en fragments.

GENRE **Fragilaria** LYNGB. 1819.

Fr. capucina Desm. (V. H. S. pl. 45, fig. 2).
PUY-DE-DÔME. *Fossile :* Ponteix; Rouilhas-Bas; la Cassière; les Queyrades n° 2; Creux Mortier; Saint-Saturnin; Saint-Loup. -- *Vivant :* Eaux minérales de Saint-Alyre, à Clermont *(Max. Roux)*. Lac d'Aydat; lac inférieur de la Godivelle; Orcival; Gour de Tazanat (!).
CANTAL. Murat *(J. Brun)*. Lac de la Crégut; cascade de Saint-Paul, près de Salers; Aurillac (!).
Hab. Espèce commune dans toutes les eaux et à toutes les altitudes. Très variable.

Var. **acuminata** Grun. (V. H. S. pl. 45, fig. 8).

CANTAL. Lac de Madic, près de Saignes, sur *Nitella arvernica* (!). R.

Var. **acuta** Grun. (V. H. S. pl. 45, fig. 5).

PUY-DE-DÔME. Job, près d'Ambert, sur *Callitriche stagnalis*. AR.

Var. **mesolepta** (Rab.) Grun. (V. H. S. pl. 45, fig. 3 = *Fr. contracta* Schum.).

PUY-DE-DÔME. *Fossile :* La Cassière; les Queyrades n° 2; Olby; Creux Mortier; Ceyssat. — *Vivant :* Eaux minérales de Châtelguyon. AC.

Ces trois variétés sont souvent mêlées au type.

Fr. bidens forma **major** Heib. (V. H. S. pl. 45, fig. 6).

PUY-DE-DÔME. *Fossile :* Dépôt de Saint-Saturnin. AR.

Forma **minor** Heib. (V. H. S. pl. 45, fig. 7.

PUY-DE-DÔME. *Fossile :* Dépôt de Saint-Saturnin. AR.

Fr. construens (Ehrb.) Grun. (V. H. S. pl. 45, fig. 22 et 23).

PUY-DE-DÔME. *Fossile :* Ceyssat; Saint-Saturnin; Pré Cohendy; la Cassière; Randanne. — *Vivant :* Lac d'Aydat; lac inférieur de la Godivelle; eaux minérales de Sainte-Marguerite; Job; Theix; Villars; petit bassin du Pensionnat des Frères de Clermont; source minérale de Saint-Floret (!). Le Buisson; Champeix *(Max. Roux)*. Sondage du lac Pavin *(Ch. Bruyant* et *P. Gautier)*.

CANTAL. Aurillac; garenne de Saint-Santin-de-Maurs; Marcolès; bords du Lot, à Saint-Projet; Massiac (!).

Hab. Eaux stagnantes et vaseuses. AC.

Var. **pumila** Grun. (V. H. S. pl. 45, fig. 21).

PUY-DE-DÔME. Eaux minérales de Sainte-Marguerite (!). Saint-Nectaire *(Max. Roux)*. R.

Var. **Venter** Grun. (V. H. S. pl. 45, fig. 24).

PUY-DE-DÔME. *Fossile :* Saint-Saturnin; Pré Cohendy. — *Vivant :* Petit bassin du Pensionnat des Frères de Clermont; lac d'Aydat; Theix; gour de Tazanat (!). Manglieu *(Max. Roux)*. AC.

Ces deux variétés se trouvent ordinairement mêlées au type et sont presque aussi fréquentes.

Var. **capitata** J. Br. et F. Hérib. *nov.* (Pl. I, fig. 2).

Face valvaire bacillaire ou elliptique-allongée, à terminaisons toujours nettement capitulées. Stries lisses, de longueur inégale, courtes ou même nulles vers la région médiane. Longueur 18 à 25μ, avec 14 à 16 stries en 10μ.

Cette variété remarquable, que l'on pourrait considérer comme espèce distincte, vient se placer près du *Fragilaria binodis* Ehrb.

PUY-DE-DÔME. Fontaine de la place Delille, à Clermont. C.

Il est probable que cette forme intéressante sera trouvée sur d'autres points de la Limagne; elle doit habiter la plupart des eaux stagnantes de la plaine.

Var. **genuina** Grun. (V. H. S. pl. 45, fig. 26).

PUY-DE-DÔME. *Fossile :* Rouilhas-Bas; Olby. C.

Fr. binodis Ehrb. (V. H. S. pl. 45, fig. 25).

PUY-DE-DÔME. *Fossile :* Saint-Saturnin; la Cassière. — *Vivant :* Petit bassin du Pensionnat des Frères de Clermont; eaux minérales de Sainte-Marguerite; lac d'Aydat; Theix (!). Fontaine près de la gare de Royat *(F. Pierre)*. Issoire *(Max. Roux)*.

Hab. Mêmes stations que le *Fr. construens,* auquel plusieurs auteurs le réunissent comme variété. AC.

Var. **obliqua** J. Brun et F. Hérib. *nov.*

Se reconnaît facilement à sa forme un peu courbée, et plus déprimée sur l'un des flancs que sur l'autre, ce qui lui donne l'aspect d'un *Eunotia* ou d'une petite forme du *Hantzschia amphioxys*.

PUY-DE-DÔME. Fontaine près de la gare de Royat *(F. Pierre)*. Eaux minérales de Sainte-Marguerite (!). AC.

Obs. — En raison des trop nombreuses formes attribuées au *Fragilaria construens*, je crois sage de maintenir au rang d'espèce le *Fragilaria binodis* d'Ehrenberg qui est, en somme, une espèce bien constante pour la striation et la forme de ses terminaisons.

Fr. Harrisonii (W. Sm.) Grun. (V. H. S. pl. 45, fig. 28 = *Odontidium Harrisonii* W. Sm.).

PUY-DE-DÔME. *Fossile :* Dépôt des Queyrades n° 2. — *Vivant :* Fontaine près du village d'Orcines; marais de Marmillat; rochers humides du Val d'Enfer, au Mont-Dore; cascade de la Volpie, près d'Ambert (!).

CANTAL. Source vive, à la base du puy Mary (!).

Hab. Rochers humides des hautes vallées; ruisseaux et marais de la plaine. R.

Fr. mutabilis (W. Sm.) Grun. (V. H. S. pl. 45, fig. 12 = *Odontidium mutabile* W. Sm.).

PUY-DE-DÔME. *Fossile :* Ceyssat; Saint-Saturnin. — *Vivant :* Le Buisson *(Max. Roux)*. Lac inférieur de la Godivelle; lac d'Aydat; étang Gaubert, près de Lezoux; petit bassin du Pensionnat des Frères de Clermont; Ambert (!). Etang de Chancelade *(Montel)*. Sondage du lac Pavin *(Ch. Bruyant* et *P. Gautier)*.

CANTAL. Le Lioran *(J. Brun)*. Lac de la Crégut; lac de Menet (!).

Hab. Ruisseaux, marais, grands lacs; assez répandu en plaine et en montagne.

Fr. elliptica Schum. (V. H. S. pl. 45, fig. 15).

PUY-DE-DÔME. *Fossile :* Creux Mortier; la Cassière;

Verneuge; Ceyssat; Rouilhas-Bas; les Queyrades nos 1 et 2.

Assez rare, excepté dans le dépôt de Rouilhas-Bas où il abonde.

Forma **minor** Grun. (V. H. S. pl. 45, fig. 16 et 17).

PUY-DE-DÔME. *Fossile :* Dépôt de Ponteix. R.

Fr. intermedia Grun. (V. H. S. pl. 45, fig. 9 à 11).

PUY-DE-DÔME. *Fossile :* La Cassière; Verneuge; Ceyssat; Saint-Saturnin; Creux Mortier. AR.

Obs. — M. Clève identifie ce *Fragilaria* au *Synedra Vaucheriæ*, dont il est en effet très voisin.

Fr. parasitica Grun. (V. H. S. pl. 45, fig. 30 = *Fr. undulata* Cram.).

PUY-DE-DÔME. *Fossile :* Rouilhas-Bas; les Queyrades no 2; Olby. — *Vivant :* Sondage du lac d'Aydat *(Ch. Bruyant)*. Gour de Tazanat *(F. Hardouin)*. Grand bassin du Jardin des Plantes de Clermont (!).

Hab. Eaux stagnantes de la plaine. AR.

Var. **subconstricta** Grun. (V. H. S. pl. 45, fig. 29).

PUY-DE-DÔME. Laisses de l'Allier, à Bellerive (!). R.

Fr. brevistriata Grun. (V. H. S. pl. 45, fig. 32).

PUY-DE-DÔME. *Fossile :* Puy de Mur; Ponteix. — *Vivant :* Ruisseau de Fontanat, près de Royat (!). Saint-Germain-Lembron *(Max. Roux)*. Sondage du lac Pavin *(Ch. Bruyant* et *P. Gautier)*.

Hab. Eaux vives ou stagnantes, en plaine et en montagne. AR.

Var. **laponica** Grun. (V. H. S. pl. 45, fig. 35).

PUY-DE-DÔME. *Fossile :* Dépôt du puy de Mur. AC.

Var. **pusilla** Grun. (V. H. S. pl. 45, fig. 34).

Puy-de-Dôme. *Fossile :* Dépôt de Saint-Saturnin. — *Vivant :* Fontaine de la place Delille, à Clermont (!). AR.

Var. **subacuta** (V. H. S. pl. 45, fig. 10).
Puy-de-Dôme. *Fossile :* Dépôt de Saint-Saturnin. AC.

Var. **Mormorum** Grun. (V. H. S. pl. 45, fig. 31).
Puy-de-Dôme. *Fossile :* Varennes nos 1 et 2. — *Vivant :* Grands bassins, à Theix (!). R.

Var. **subcapitata** Grun. (V. H. S. pl. 45, fig. 33).
Puy-de-Dôme. Fontaine d'Amboise, à Clermont (!). R.

Fr. pacifica Grun. (V. H. S. pl. 44, fig. 20 à 22).
Puy-de-Dôme. Dépôt marin du puy de Mur. C.
Trouvé vivant au Cap de Bonne-Espérance et aux Iles Samoa.

Var. **trigona** J. Br. et F. Hérib. *nov.* (Pl. I, fig. 8).
L'aspect de cette forme intéressante est caractéristique; elle rappelle les petits *Triceratium*. Les frustules sont libres ou groupés quelquefois en assez grand nombre (fig. *b*). Cette variété du *Fr. pacifica* correspond à celle du *Fr. parasitica* var. *trigona* de Grunow, dessinée à un grossissement de $\frac{1000}{1}$ (V. H. S. pl. 116, fig. 14).
Puy-de-Dôme. Dépôt marin du puy de Mur, où il est assez fréquent, surtout dans la zone inférieure.

Fr. virescens Ralfs (V. H. S. pl. 44, fig. 1).
Puy-de-Dôme. *Fossile :* Verneuge; Ceyssat; Saint-Loup; Creux Mortier; Ponteix; Olby; les Queyrades nos 1 et 2; Rouilhas-Bas; Varennes n° 2; Saint-Saturnin. — *Vivant :* Lac d'Aydat; lac Pavin; Val d'Enfer, au Mont-Dore; Orcival; Theix (!). Source minérale de Saint-Alyre, à Clermont *(Max. Roux)*. Gour de Tazanat *(F. Hardouin)*.
Cantal. Farges, près de Murat *(Séchiroux)*. Chaudesaigues *(Brioude)*. Talizat, près de Saint-Flour (!).

Hab. Eaux stagnantes des alluvions de la plaine; cascades et torrents des hautes vallées; grands lacs. C.

Var. **exigua** Grun. (V. H S. pl. 44, fig. 2 et 3).

PUY-DE-DÔME. *Fossile :* Dépôt de Ponteix. R.

Var. **ventricosa** M. Perag. et F. Hérib. *nov.*

A peine deux fois et demie plus long que large; le centre presque circulaire; extrémités atténuées et arrondies.

PUY-DE-DÔME. *Fossile :* Dépôt du Creux Mortier. AR.

Forma **elongata** M. Perag. et F. Hérib. *nov.*

Diffère du type par sa forme bacillaire très allongée.

PUY-DE-DÔME. *Fossile :* Les Queyrades n° 2; Verneuge; Pré Cohendy, où il abonde.

Obs. — Dans le Dépôt de Verneuge, on trouve le *Fr. virescens* depuis la forme presque circulaire jusqu'à la forme bacillaire très allongée, ressemblant beaucoup au *Fr. Capucina;* cependant toutes ces variations présentent le caractère de striation du *Fr. virescens,* c'est-à-dire stries transversales fines, à peine plus faiblement marquées au centre de la valve, et n'étant ni marginales, comme dans le *Fr. Capucina,* ni interrompues par un pseudo-stauros, comme dans les *Fr. æqualis, producta,* etc.

Fr. æqualis Lag. (V. H. S. pl. 44, fig. 7).

PUY-DE-DÔME. *Fossile :* Dépôt de Ceyssat. — *Vivant :* Sondage du lac Pavin *(Ch. Bruyant* et *P. Gautier).*

CANTAL. Lac de Menet; prairies d'Albepierre (!).

Hab. Lacs et marais tourbeux des montagnes. AR.

Fr. producta Grun. (V. H. S. pl. 44, fig. 8).

PUY-DE-DÔME. *Fossile :* Verneuge; Creux Mortier. — *Vivant :* Sondage du lac Pavin *(Ch. Bruyant* et *P. Gautier).* Lac des Esclauses (!).

Hab. Mêmes stations que l'espèce précédente. R.

Fr. hyalina (Ktz.) Grun. (V. H. S. pl. 44, fig. 14 et 15 = *Diatoma hyalina* Ktz.).

Puy-de-Dôme. Eaux minérales de Saint-Alyre, à Clermont *(Max. Roux)*. Source minérale du plateau du Saladi, près la gare de Vic-le-Comte (!).

Hab. Eaux minérales de la plaine. R.

Fr. undata W. Sm. (V. H. S. pl. 44, fig. 9).

Puy-de-Dôme. Mont-Dore *(W. Smith)*. Sommet de Pierre-sur-Haute (!).

Hab. Tourbières et cascades des montagnes. R.

Var. **W. Sm.** (*Ann. and Mag. of Nat. Hist.* t. 15, pl. 53, fig. 7. — 1855).

Puy-de-Dôme. Mont-Dore (W. Smith).

Je n'ai pas retrouvé cette variété du diatomiste anglais.

Fr. nitzschioides Grun. (V. H. S. pl. 44, fig. 10).

Puy-de-Dôme. Issoire *(Max. Roux)*. Sondage du lac Pavin *(Ch. Bruyant* et *P. Gautier)*. Lac Guéry; lac des Esclauses (!).

Cantal. Lac de la Crégut; lac de Menet (!).

Hab. Grands lacs; étangs et fossés de la plaine. R.

Var. **Brasiliensis** Grun. (V. H. S. pl. 44, fig. 11).

Puy-de-Dôme. Sondage du lac Pavin *(Ch. Bruyant* et *P. Gautier)*. AR.

Cette jolie forme est à rechercher dans les autres lacs de nos montagnes.

Fr. striatula Lyngb. (V. H. S. pl. 44, fig. 12 = *Grammonema striatula* Ag.).

Puy-de-Dôme. Lac d'Aydat; étang, près de Lezoux (!).

Hab. Eaux stagnantes de la plaine. AR.

GENRE **Denticula** KTZ. 1844.

Dent. tenuis Ktz. (V. H. S. pl. 49, fig. 28 à 31).

PUY-DE-DÔME. Sondage du lac d'Aydat *(Ch. Bruyant)*.

CANTAL. Arpajon *(J. Brun. — 1877)*. Polmignac; étang du Trioulou, près de Saint-Constans (!).

Hab. Etangs et grands lacs; en plaine et en montagne. AR.

Var. **intermedia** Grun. (V. H. S. pl. 49, fig. 25).

PUY-DE-DÔME. Job, près d'Ambert (!). R.

Var. **mesolepta** Grun. (V. H. S. pl. 49, fig. 23 et 24).

PUY-DE-DÔME. Bords de l'Allier, à Gondolle (!). R.

Dent. inflata W. Sm. (V. H. S. pl. 49, fig. 32 à 34).

PUY-DE-DÔME. *Fossile :* Dépôt de Ceyssat. — *Vivant :* Lac d'Aydat (!).

CANTAL. Lac de Madic; fossés, près de Murat (!).

Hab. Eaux stagnantes de la région montagneuse; rare en plaine.

Dent. frigida Ktz. (V. H. S. pl. 49, fig. 35 à 38).

PUY-DE-DÔME. Val d'Enfer, au Mont-Dore (!).

CANTAL. Source vive, à la base du puy Mary (!).

Hab. Eaux vives et cascades des montagnes. R.

Dent. elegans Ktz. (V. H. S. pl. 49, fig. 14 et 15).

PUY-DE-DÔME. Eaux minérales de Saint-Nectaire *(Max. Roux)*. Source minérale de Saint-Floret; Job, près d'Ambert; cascade de Sainte-Elisabeth, près de Latour-d'Auvergne *(Paillarse)*. Cascade de la Dore, au Mont-Dore (!).

CANTAL. Source de l'Allagnon; le Falgoux (!).

Hab. Sources minérales; cascades et rochers humides des montagnes. AR.

Var. **thermalis** Ktz. (V. H. S. pl. 49, fig. 17 et 18).

Puy-de-Dôme. Eaux minérales de Saint-Nectaire (*Max. Roux*).

Cantal. Cascade de Saint-Paul, près de Salers (!). R.

Genre **Diatoma** DC. 1805.

Diat. vulgare Bory (V. H. S. pl. 50, fig. 1 à 6).

Puy-de-Dôme. *Fossile* : Dépôt de Saint-Saturnin. — *Vivant :* Manglieu ; le Buisson *(Max. Roux)*. Layat, près de Riom *(Quittard)*. Etang de Chancelade *(Montel)*. Thiers *(Arbost)*. Lac des Esclauses (!).

Cantal. Salers ; vallée de Dienne ; le Lioran (!).

Hab. Etangs, lacs, tourbières et ruisseaux, à toutes les altitudes. AC.

Var. **lineare** W. Sm. (V. H. S. pl. 50, fig. 7 et 8).

Puy-de-Dôme. Mont-Dore *(W. Smith)*.

Cantal. Salers ; Thiézac ; Neussargues ; Raulhac (!). R.

Diat. elongatum Ag. (V. H. S. pl. 50, fig. 18 à 22).

Puy-de-Dôme. *Fossile :* Dépôt de Saint-Saturnin. R.

Diat. tenue. Ag. (V. H. S. pl. 50, fig. 14).

Puy-de-Dôme. *Fossile :* Les Queyrades n° 2 ; Saint-Saturnin. — *Vivant :* Lac d'Aydat (!).

Cantal. Lac de Madic ; Saint-Mamet ; étang, près de Parlan (!).

Hab. Sur les plantes aquatiques des eaux stagnantes. AR.

Obs. — D'après M. le professeur J. Brun (*Diat. des Alpes et du Jura*, p. 113), le *Diatoma tenue* Ag. serait identique au *Denticula tenuis* Ktz.

Diat. pectinale forma **elongatum** Ktz. (V. H. S. pl. 50, fig. 24).

Forme presque bacillaire, à extrémités renflées; paraît intermédiaire entre les *Diat. tenue* et *pectinale*.

Puy-de-Dôme. *Fossile :* Les Queyrades n° 2. AC.

Diat. Ehrenbergii Ktz. (Br. D. A. J. pl. 4, fig. 18).

Puy-de-Dôme. Mont-Dore *(W. Smith)*. Le Buisson *(Max. Roux)*. Gour de Tazanat (!).

Cantal. Farges, près de Murat; Le Lioran; Saint-Simon, près d'Aurillac (!).

Hab. Lacs, étangs; eaux stagnantes et limpides. AR.

Var. **Grande** W. Sm. (Br. D. A. J. pl. 4, fig. 17).

Puy-de-Dôme. Issoire; Aigueperse; lac d'Aydat (!).

Cantal. Lac de la Crégut; bords du Lot, à Vieillevie (!). AR.

Diat. hyemale (Lyngb.) Heib. (V. H. S. pl. 51, fig. 1 et 2 = *Odontidium hyemale* Ktz.).

Puy-de-Dôme. *Fossile :* Saint-Saturnin. — *Vivant :* Grande Cascade du Mont-Dore *(Baraduc)*. Gour de Tazanat *(F. Hardouin)*. Fontaine-du-Berger; sommet du puy de Dôme; Pierre-sur-Haute; Croix-Morand; Laqueuille (!). Lac Chambon *(Max. Roux)*.

Cantal. Murat; base du puy Mary; Saint-Flour; Salers; le Falgoux (!).

Hab. Torrents, sources vives, cascades des hautes vallées, grands lacs des montagnes. C.

Diat. Mesodon Ktz. (V. H. S. pl. 51, fig. 3 et 4).

Puy-de-Dôme. *Fossile :* Les Queyrades n°s 1 et 2; Pré Cohendy. — *Vivant :* Ordinairement mêlé à l'espèce précédente, à laquelle plusieurs auteurs le réunissent comme variété. AC.

Diat. anceps Grun. (V. H. S. pl. 51, fig. 5 à 8 = *Fragilaria anceps* Ehrb.).

Puy-de-Dôme. *Fossile :* La Cassière; Saint-Saturnin ; Pré Cohendy ; Verneuge ; les Queyrades nos 1 et 2; Randanne; Saint-Loup. — *Vivant :* Lac inférieur de la Godivelle; lac de Laspialade (!).

Cantal. Source vive, près du sommet du Plomb; fontaine du village de Saint-Urcize (!).

Hab. Lacs et tourbières des montagnes. AR.

Var. **anomalum** W. Sm. (V. H. S. pl. 51, fig. 9 = forma *cum valvis internis*).

Puy-de-Dôme. *Fossile :* les Queyrades nos 1 et 2; Verneuge; Creux Mortier; Saint-Loup. AC.

Genre **Meridion** Ag. 1824.

Mer. circulare Ag. (V. H. S. pl. 51, fig. 10 à 12).

Puy-de-Dôme. *Fossile :* Ceyssat; Pré Cohendy; la Cassière; Saint-Loup; Verneuge (forma *cum valvis internis*); Creux Mortier; Randanne (forma *cum valvis internis*); Rouilhas-Bas; Saint-Saturnin; les Queyrades nos 1 et 2. — *Vivant :* Le Buisson *(Max. Roux)*. Lac d'Aydat; Fontanat; bords de l'Allier, sous Mirefleurs; Issoire; grand bassin du Jardin des Plantes de Clermont (!). Sondage du lac d'Aydat *(Ch. Bruyant)*.

Cantal. Salers; Boisset; Chaudesaigues; Saint-Flour (!). Bords de la Jordanne, à Aurillac *(Biélawski)*.

Hab. Eaux vives ou stagnantes; parasite sur les Algues filamenteuses, ou en couches brunes, glutineuses, sur les cailloux immergés; à toutes les altitudes. AC.

Mer. constrictum Ralfs (V. H. S. pl. 51, fig. 14 et 15).

Puy-de-Dôme. *Fossile* : Les Queyrades n° 2; Pré Cohendy; Saint-Saturnin; Saint-Loup. — *Vivant :* Val d'Enfer, au Mont-Dore; Job, près d'Ambert (!). Le Buisson *(Max. Roux)*.

CANTAL. Dienne; Chaudesaigues; Maurs (!).

Hab. Mêmes stations que l'espèce précédente, mais moins répandu.

Forma **cum valvis internis** (V. H. S. pl. 51, fig. 16 et 17 = *Mer. Zinkenii* Ktz.).

PUY-DE-DÔME. *Fossile :* Les Queyrades n° **1**; Saint-Loup; Randanne; la Cassière; Verneuge; Creux Mortier. AC.

7e TRIBU. — TABELLARIÉES.

GENRE **Tabellaria** EHRB. 1839.

Tab. fenestrata Ktz. (V. H. S. pl. 52, fig. 6 à 9).

PUY-DE-DÔME. *Fossile :* Randanne; la Cassière; Rouilhas-Bas; Verneuge; les Queyrades nos 1 et 2; Vassivière. — *Vivant :* Etang Gaubert, près de Lezoux; Job, lac d'Aydat; lac Pavin; lac Guéry; lac inférieur de la Godivelle; lac des Esclauses; Pontgibaud : Valbeleix (!). Puy de Liard, près le Buisson; Champeix; lac Chambon *(Max. Roux).* Etang de Chancelade *(Montel).*

CANTAL. Lac de la Crégut; Saint-Flour; Aurillac; Boisset; Pleaux; Mauriac (!).

Hab. Ruisseaux, marais, lacs et étangs; à toutes les altitudes. CC.

Obs. — Dans le dépôt de Vassivière, on trouve le *Tabellaria fenestrata* sous quatre formes bien distinctes que l'on peut établir ainsi :

1° La forme typique, grande, à stries bien visibles et à centre à peine plus large que les extrémités. AR.;

2° Une variation du type caractérisée par le centre presque nul. R.;

3° Une forme plus petite, à stries peu visibles, et dont le centre est notablement plus large que les extrémités; elle ressemble tout à fait aux figures données par Ehrenberg *(Microgéol.)*, et qu'il désigne sous le nom de *Tab. trinodis*. CC.;

4° Enfin, une forme à stries bien visibles, à centre également plus large que les extrémités; c'est le *Tab. nodosa* d'Ehrenberg. AC.

Tab. flocculosa Ktz. (V. H. S. pl. 52, fig. 10 à 12).

PUY-DE-DÔME. *Fossile :* Vassivière; Verneuge; les Queyrades n° 1; Rouilhas-Bas; Pré Cohendy; la Cassière. — *Vivant :* Lac d'Aydat; lac inférieur de la Godivelle; lac des Esclauses; Job, près d'Ambert (!). Hospeux; Pionsat *(Max. Roux)*. Etang de Chancelade *(Montel)*.

CANTAL. Lac de la Crégut; les Ternes; Dienne; Chaudesaigues; Saint-Urcize; Pierrefort (!).

Hab. Mêmes stations que l'espèce précédente. CC.

Var. **biceps** Ehrb. *(Microgéol.)*.

PUY-DE-DÔME. *Fossile :* Dépôt de Vassivière. AC.

GENRE **Peronia** BRÉB. et ARN. 1868.

Per. Heribaudi J. Br. et M. Perag. (Pl. I, fig. 1).

Face valvaire largement cunéiforme, de dimensions très variables. Longueur 40 à 70μ. Largeur 6 à 7μ. Face connective s'élargissant un peu vers le gros bout, comme chez le *Peronia erinacea* Bréb. (V. H. S. pl. 36, fig. 19). Vers le gros bout, large et arrondi, de la face valvaire, se trouve un faible étranglement qui forme un rostre à large base et un peu oblique. Ce même bout porte un raphé court, égalant environ le tiers de la longueur de la valve; il est dirigé obliquement et se termine, à chaque extrémité, par un point brillant, simulant un petit nodule courbé. L'extrémité atténuée porte aussi, mais pas toujours, un raphé semblable. Striation transversale; stries bosselées et irrégulièrement interrompues, surtout vers les nodules. A l'un des flancs de la valve, vers le raphé supérieur, les stries sont obliques et convergent vers le centre valvaire. Dans les frustules entiers, on constate ordinairement que les deux valves sont assez dissemblables et parfois, sur l'une d'elles, les deux raphés manquent totalement (fig. 1. *c*). On compte 13 à 20 stries en 10μ; elles sont plus serrées vers le large bout.

PUY-DE-DÔME. *Fossile :* Dépôt de Vassivière, où il abonde, surtout dans la partie légère.

GENRE **Rouxia** J. BRUN et F. HÉRIB. *nov.* 1893.

Dédié à MAXIME ROUX.

Le genre **Rouxia,** de la tribu des TABELLARIÉES, présente les caractères suivants :

Face valvaire allongée, fusiforme, portant une ligne médiane interrompue au centre (pseudo-raphé) et formant ainsi deux canaux courts, nets, rectilignes, placés bout à bout et assez distants l'un de l'autre. Valve légèrement asymétrique, perlée. Face connective un peu sigmoïde.

La présence de ces deux petits raphés rend difficile le classement exact du genre *Rouxia* dans la grande famille des Diatomées. Cette segmentation du raphé le rapproche des genres *Brebissonia* et *Berkleya;* mais, d'autre part, nous avons constaté plusieurs fois que chez quelques Pseudo-Raphidées, telles que les *Eunotia*, les *Peronia* et les *Actinella*, le nodule terminal se prolongeait sous forme d'un petit canal court et peu marqué; c'est cette analogie qui nous a déterminés à placer ce genre exotique dans le même groupe.

Roux. Peragalli J. Br. et F. Hérib. *nov.* (Pl. I, fig. 12).

Face valvaire linéaire dans la région médiane, où elle présente quelquefois un très faible rétrécissement central. Les terminaisons sont ou atténuées en longs cônes obtus, ou formées de cônes arrondis et ordinairement de dimensions un peu inégales. Deux lignes de perles entourent chaque raphé. Ces perles se prolongent jusqu'à l'une des extrémités en une fine ponctuation médiane, et à l'autre bout, elles s'interrompent de manière à laisser lisse tout le centre du cône terminal, ce qui accentue l'aspect asymétrique de la valve. La bordure porte aussi des perles en rangée simple ou double. Ces perles marginales se prolongent jusqu'aux deux extrémités et y diminuent peu à peu de grosseur. Longueur 40 à 75µ. Largeur 6 à 7µ.

JAPON. *Fossile :* Dépôt d'Abokiri et calcaire de Sendaï. R.

Cette espèce est dédiée à M. Maurice Peragallo, en reconnaissance de la part considérable qu'il a prise dans l'étude de nos Diatomées fossiles.

GENRE **Striatella** AG. 1832.

Str. Girodi F. Hérib. et J. Br. *nov.* (Pl. II, fig. 8).

Face valvaire lancéolée, accuminée, à flancs munis de faibles entailles correspondant aux cloisons (fig. 8. *c*). Longueur 30 à 35µ. Largeur 6 à 8µ. Face connective à côtes n'atteignant ni le centre ni la marge. La bordure porte une série d'encoches dans l'excavation desquelles les extrémités des côtes viennent s'emboîter. Surface lisse. Aux plus fortes lentilles apochromatiques, on n'aperçoit qu'une striation croisée, très faible et très peu distincte, et encore faut-il que les exemplaires soient montés au tolu ou au styrax. Silice mince et très délicate.

Le *Striatella Girodi* ne peut pas être rapporté, même comme variété, au *Tessella hyalina* (Janisch et Rab. Mer de Honduras, pl. 2, fig. 14. — 1863), bien qu'il ait avec cette dernière forme passablement d'analogie, pour la flexion médiane des côtes et pour la hyalinité ; ni au *Striatella interrupta* Ehrb. et Lyngb., si bien dessiné par Heiberg (pl. 5, fig. 15. — 1863) et par Van Heurck (pl. 54, fig. 8).

Puy-de-Dôme. *Fossile :* Dépôt marin du puy de Mur. AR.

Cette Diatomée marine est dédiée à M. le docteur Paul Girod, professeur de botanique à la Faculté de Clermont-Ferrand.

Genre **Tetracyclus** Ralfs. 1843.

Tetr. emarginatus W. Sm. (Pl. III, fig. 27 = *Tetr. lacustris* Ralfs = *Biblarium crux* Ehrb.).

Puy-de-Dôme. *Fossile :* Dépôt de Varennes nos 1 et 2.

Cantal. *Fossile :* Dépôt de Joursac. R.

Se trouve aussi dans le dépôt de Ceyssac, près Le Puy (Haute-Loire).

Tetr. decoratus J. Br. et F. Hérib. *nov.* (Pl. II, fig. 6).

Cette très petite et curieuse espèce est nettement différenciée des autres *Tetracyclus* connus, par la striation en éventail des flancs de sa face connective, et par le peu de netteté des cloisons de sa face valvaire.

Face valvaire presque carrée, avec 6 bosselures et 2 cloisons ordinairement peu distinctes, demi-circulaires et placées au-dessous des deux bosses terminales. Surface lisse à bordure frangée de petites perles. Longueur du frustule 16 à 22μ. Largeur 12 à 18μ. Face connective en carré plus ou moins allongé, à flancs rectilignes, toujours traversés par plusieurs lignes perlées, triondulées, s'entrecroisant dans le sens de la plus grande longueur. Les flancs portent des stries qui rayonnent en éventail à partir de la région médiane de la marge. Ces stries, qui se résolvent en perles à l'immersion homogène, donnent à la face connective un aspect très caractéristique. Silice mince et fragile.

Espèce très distincte.

PUY-DE-DÔME. Dépôt marin du puy de Mur. AR.

Tetr. Braunii Grun. (V. H. S. pl. 52, fig. 13 et 14 = *Gomphogramma rupestre* A. Braun).

PUY-DE-DÔME. Vallée de la Cour, au Mont-Dore (!). Cascade de Sainte-Elisabeth, près de Latour-d'Auvergne *(Paillarse)*.

CANTAL. Le Lioran ; base du puy Mary (!).

Hab. Eaux vives, cascades et rochers mouillés des montagnes. AR.

Obs. — A l'exemple de Rabenhorst, Pritchart, Schumann, Mœller et W. Smith, je considère le *Tetr. Braunii* Grun. comme spécifiquement distinct du *Tetr. rhombus* Ralfs. Le docteur Van Heurck, dans ses types de Diatomées, admet aussi la distinction des deux espèces, puisqu'il donne, sous le n° 348, *Tetr. rupestris* (A. Br.) Grun., et sous le n° 349, *Tetr. rhombus* Ralfs.

Le caractère différentiel le plus saillant, et en même temps le plus facile à constater, est la présence de stries intercostales, parallèles aux côtes, dans le *Tetr. Braunii*, alors que le *Tetr. rhombus* en est constamment dépourvu.

Tetr. ellipticus (Ehrb.) M. Perag. (Pl. III, fig. 23 et 24).

Tetr. Lamina (Ehrb.) M. Perag. (Pl. IV, fig. 20).

Tetr. Lancea (Ehrb.) M. Perag. (Pl. III, fig. 25).

Tetr. compressus (Ehrb.) M. Perag. (Pl. III, fig. 26).

PUY-DE-DÔME. *Fossile :* Dépôt de Varennes n° 1, dans lequel les quatre formes se trouvent mêlées. AR.

Obs. — On sait que les *Tetracyclus* fossiles décrits par Ehrenberg sous les noms de *Biblarium ellipticum, Lamina, Lancea* et *compressum,* ont été réunis par Ralfs, en 1861, sous la dénomination de *Tetracyclus rhombus*, et l'année suivante Grunow les comprit aussi dans son *Tetr. ellipticus.*

Il est bien probable, en effet, que ces quatre Diatomées appartiennent à un même type spécifique, et si je les maintiens encore ici, c'est uniquement par respect pour le profond savoir de M. Maurice Peragallo, qui a su les distinguer dans le dépôt de Varennes.

Toutes ces formes sont dépourvues de stries intercostales.

8e TRIBU. — SURIRELLÉES.

GENRE **Cymatopleura** W. SM. 1853.

Cymat. elliptica W. Sm. (V. H. S. pl. 55, fig. 1 = *Cymat. nobilis* Hass.).

PUY-DE-DÔME. *Fossile :* Dépôt de Saint-Saturnin. — *Vivant :* Saint-Babel ; Pionsat ; Saint-Nectaire *(Max. Roux)*. Etang Gaubert, près de Lezoux ; Tazanat ; lac Servière (!).

CANTAL. Allanche *(Biélawski)*. Massiac ; Saint-Flour (!).

Hab. Etangs, lacs, marais, tourbières. AR.

Var. **subconstricta** Grun. (V. H. S. pl. 55, fig. 2).

PUY-DE-DÔME. *Fossile :* Dépôt de Varennes n° 1. — *Vivant :* Laqueuille (!).

CANTAL. Saint-Urcize ; Saint-Jacques-des-Blats (!). R.

Cymat. hibernica W. Sm. (V. H. S. pl. 55, fig. 3 et 4 = *Surirella plicata* Ehrb.).

PUY-DE-DÔME. Dépôt de Saint-Saturnin. R.

Var. **major** M. Perag. *nov.*

Se distingue du type de W. Smith par ses dimensions beaucoup plus grandes : 130 à 180μ de longueur et 70 à 85μ de largeur, avec 3 points ½ en 10μ, tandis que le diatomiste anglais ne donne pour dimensions du *Cymat. hibernica* que 56 à 122μ. Rabenhorst lui attribue 70 à 113μ de longueur et 56 à 83μ de largeur.

PUY-DE-DÔME. Dépôt de Saint-Saturnin. AR.

Cymat. Solea Bréb. (V. H. S. pl. 55, fig. 5 à 7 = *Surirella Solea* Bréb.).

PUY-DE-DÔME. *Fossile :* Rouilhas-Bas; Ceyssat; Randanne; Varennes n° 2; Saint-Saturnin; Creux Mortier. — *Vivant:* Etang Gaubert, près de Lezoux; Aulnat, bords de l'Allier, sous Mirefleurs; Champeix; Aigueperse (!). Saint-Nectaire; le Buisson; Manglieu; Issoire *(Max. Roux)*. Gour de Tazanat *(F. Hardouin)*. Lussat *(Lastiolas)*.

CANTAL. Arpajon *(J. Brun)*. Lac de la Crégut; Mauriac; Maurs; Boisset; Pleaux; Saint-Simon; les Quatre-Chemins, près d'Aurillac (!).

Hab. Etangs, fossés, marais, bords vaseux des cours d'eau peu rapides. AC.

Var. **apiculata** Pritch. (Br. D. A. J. pl. 1, fig. 11 = *Cymat. apiculata* W. Sm.).

PUY-DE-DÔME. *Fossile :* La Cassière; Verneuge. — *Vivant :* Saint-Babel *(Max. Roux)*. Eaux minérales de Sainte-Marguerite (!). Lussat *(Lastiolas)*. Fossés à Pont-Charroux, près de Clermont *(F. Pierre)*.

CANTAL. Bords vaseux du Célé, sous Saint-Constans; fossés des prairies d'Arpajon (!).

Hab. Çà et là avec le type, mais moins fréquent.

GENRE **Hantzschia** GRUN. 1877.

Hantz. amphioxys Grun. (V. H. S. pl. 56, fig. 1 et 2 = *Nitzschia amphioxys* W. Sm.).

PUY-DE-DÔME. *Fossile :* La Cassière; Rouilhas-Bas ; Ceyssat; Randanne; Pré Cohendy; les Queyrades n°s 1 et 2; Ponteix; Vassivière; Creux Mortier. — *Vivant :* Aulnat; marais de Cœur; Pont-du-Château; Riom; Saint-Beauzire; Billom; Pontgibaud; Champeix (!). Issoire; Varennes-sur-Usson *(Max. Roux).* Etang du puy de Saint-Sandoux *(P. Gautier).*

CANTAL. Saint-Constans; Saint-Mamet; Cayrols; Marcolès; Pleaux (!).

Hab. Etangs, fossés; en général dans les eaux stagnantes douces ou minérales; assez commun, surtout au printemps.

Var. **major** Grun. (V. H. S. pl. 56, fig. 3).

Var. **intermedia** Grun. (V. H. S. pl. 56, fig. 4).

Var. **vivax** Grun. (V. H. S. pl. 56, fig. 6 = *Nitzschia vivax* Hantz.).

PUY-DE-DÔME. Ces trois variétés, reliées entre elles par tous les intermédiaires, se trouvent dans le dépôt du Creux Mortier. AR.

Hantz. elongata Grun. (V. H. S. pl. 56, fig. 7 et 8 = *Nitzschia elongata* Hantz.).

PUY-DE-DÔME. Source froide située sous le château de Saint-Saturnin (!). R.

Cette espèce, indiquée comme étant assez répandue par la plupart des auteurs, se trouvera sur d'autres points de notre province; elle est à rechercher surtout dans les eaux vives de la plaine.

GENRE **Nitzschia** HASS. 1845.

GROUPE DES TRYBLIONELLA.

Nitz. Tryblionella Hantz. (V. H. S. pl. 57, fig. 9 et 10 = *Tryblionella Hantzschiana* Grun.).

PUY-DE-DÔME. Fossés vaseux, à Aulnat; Effiat; Issoire (!). Lussat *(Lastiolas)*. Sondage du lac Pavin *(Ch. Bruyant* et *P. Gautier)*.

Hab. Eaux stagnantes, à toutes les altitudes. AR.

Nitz. Victoriæ (Grun.) (V. H. S. pl. 57, fig. 14).

PUY-DE-DÔME. Eaux minérales du Salet, près de Courpière (!).

Hab. Eaux stagnantes de la plaine. R.

A été trouvé aussi à Moulins, par M. le chanoine Durin.

Nitz. angustata W. Sm. (V. H. S. pl. 57, fig. 22 et 23).

PUY-DE-DÔME. Lac d'Aydat; lac Chambon; tourbières de la Croix-Morand (!).

Hab. Lacs, grandes eaux limpides, tourbières. AR.

Nitz. constricta Greg. (V. H. S. pl. 58, fig. 8).

PUY-DE-DÔME. Etang du puy de Saint-Sandoux *(P. Gautier)*. Eaux minérales de Gimeaux *(F. Hardouin)*. Pont-de-Dore; marais de Cœur, près de Riom (!).

Hab. Etangs, fossés, eaux minérales de la plaine. AR.

GROUPE DES PANDURIFORMES.

Nitz. panduriformis Greg. (V. H. S. pl. 58, fig. 1 à 3). Var. **lucida** J. Br. et F. Hérib. *nov.* (Pl. I, fig. 11).

Diffère du type par sa forme toujours plus large, plus trapue et surtout par sa striation beaucoup plus délicate, striation en *Pleurosigma*, qui n'est quelquefois visible qu'à l'immersion homogène.

Cette Diatomée tient le milieu entre le *Nitz. panduriformis* de Gregory et le *Nitz. nicobarica* de Grunow (*New Nitzschiæ*, pl. 12, fig. 2. — 1880).

Puy-de-Dôme. Dépôt marin du puy de Mur. R.

M. J. Brun a trouvé ce *Nitzschia* dans un sondage de l'Océan indien (Ile Rodrigue), que M. Tempère lui a communiqué.

Groupe des APICULATÆ.

Nitz. acuminata (W. Sm.) Grun. (V. H. S. pl. 58, fig. 16 et 17 = *Tryblionella acuminata* W. Sm.).

Puy-de-Dôme. Eaux minérales de Saint-Nectaire *(Max. Roux)*. Montaigut-le-Blanc ; Saint-Sandoux (!).

Cantal. Eaux minérales de Vic-sur-Cère ; Chaudesaigues (!).

Hab. Eaux stagnantes, à toutes les altitudes. AR.

Nitz. hungarica Grun. (V. H. S. pl. 58, fig. 19 à 22).

Puy-de-Dôme. Lussat *(Lastiolas)*. Riom; Maringues (!).

Cantal. Etang du Trioulou, près de Saint-Constans ; fossés, près de Maurs (!).

Hab. Eaux vaseuses de la plaine ; étangs, fossés. AR.

Groupe des PSEUDO-TRYBLIONELLA.

Nitz. Calida Grun. (V. H. S. pl. 59, fig. 4 et 5).

Puy-de-Dôme. Le Buisson *(Max. Roux)*. Riom ; Aigueperse ; Champeix (!).

Cantal. Chaudesaigues ; Massiac ; Arpajon (!).

Hab. Eaux stagnantes de la plaine. R.

Groupe des DUBIÆ.

Nitz. dubia W. Sm. (V. H. S. pl. 59, fig. 9 à 12).
Puy-de-Dôme. Saint-Babel *(Max. Roux)*. Lussat *(Lastiolas)*. Eaux minérales de Gimeaux *(F. Hardouin)*.
Hab. Etangs, fossés; sources minérales de la plaine. AR.

Nitz. commutata Grun. (V. H. S. pl. 59, fig. 13 et 14).
Puy-de-Dôme. Eaux minérales de Saint-Nectaire *(Max. Roux)*. Source minérale de Saint-Floret (!).
Hab. Eaux minérales de la plaine et de la région montagneuse. R.

Nitz. thermalis Auersw. (V. H. S. pl. 59, fig. 20 = *Surirella thermalis* Ktz.).
Puy-de-Dôme. Ambert; Aulnat, près de Clermont (!). Issoire *(Max. Roux)*.
Hab. Eaux limoneuses des fossés et des mares. AR.

Groupe des BILOBATÆ.

Nitz. bilobata W. Sm. (V. H. S. pl. 60, fig. 1).
Puy-de-Dôme. Pont-du-Château ; Malintrat (!).
Hab. Marais, étangs, fossés vaseux. R.

Var. **hybrida** Grun. (V. H. S. pl. 60, fig. 4 et 5).
Puy-de-Dôme. Source minérale de Saint-Floret (!). R.

Groupe des GRUNOWIA.

Nitz. Denticula Grun. (V. H. S. pl. 60, fig. 10 = *Denticula obtusa* W. Sm.).

Puy-de-Dôme. Grand bassin du Jardin des Plantes de Clermont; fossés du marais de Marmillat (!).

Hab. Eaux stagnantes de la plaine. AR.

Nitz. Tabellaria Grun. (V. H. S. pl. 60, fig. 12 et 13 = *Grunowia Tabellaria* Rab.).

Puy-de-Dôme. *Fossile :* Dépôt de Varennes n° 2. — *Vivant :* Source vive à l'entrée de la vallée de Chaudefour, au Mont-Dore; lac des Esclauses (!).

Hab. Grands lacs, cascades et sources froides des montagnes. R.

Nitz. sinuata (W. Sm.) Grun. (V. H. S. pl. 60, fig. 11 = *Denticulata sinuata* W. Sm.).

Puy-de-Dôme. Cascade du Serpent, au Mont-Dore; lac Chauvet (!).

Cantal. Source vive, près du sommet du Plomb (!).

Hab. Mêmes stations que l'espèce précédente. R.

Groupe des BACILLARIA.

Nitz. Socialis Greg. var. **basaltica** J. Br. et F. Hérib. *nov.* (Pl. I, fig. 6).

Le type de cette espèce marine a été dessiné par Gregory (M. J. pl. 1, fig. 45. — 1857), et par Grunow (V. H. S. pl. 61, fig. 8) avec 13 à 15 stries en 10μ; les variétés *Kariana, australis* et *baltica* ont été reproduites par Clève (*New Diat.* pl. 6, fig. 106, 107 et 108. — 1879).

La variété actuelle diffère du type : 1° par ses points carénaux moins nombreux (3 à 4 en 10μ), irréguliers, ovales, carrés ou bacillaires, formant une carène bordée de lignes ondulées; 2° par sa valve à terminaisons plus prolongées, assez aiguës et plus incurvées. Longueur moyenne 70 à 90μ. Striation nette, comme dans le type, mais plus serrée, soit 17 à 19 stries en 10μ.

Le *Nitz. hyalina* de Gregory (Clyde, pl. 14, fig. 104), vu du côté connectif, lui ressemble; mais si notre Diatomée est vue du côté valvaire, elle se rapproche plutôt du *Nitz. spathula* de Brébisson, sans qu'il soit possible de l'identifier ni à l'une ni à l'autre de ces deux espèces.

PUY-DE-DÔME. Dépôt marin du puy de Mur. RR.

GROUPE DES DISSIPATÆ.

Nitz. dissipata Grun. (V. H. S. pl. 63, fig. 1 = *Nitz. minutissima* W. Sm.).

PUY-DE-DÔME. Clermont-Ferrand, fontaine de la place Delille (!). AR.

Cette petite espèce se trouvera ailleurs, surtout dans les eaux stagnantes de la plaine.

Var. **media** Grun. (V. H. S. pl. 63, fig. 2 et 3).

PUY-DE-DÔME. Mêlé au type, mais plus rare.

GROUPE DES SIGMOIDEÆ.

Nitz. Sigmoidea Nitz. (V. H. S. pl. 63, fig. 5 à 7 = *Nitz. elongata* Hass.).

PUY-DE-DÔME. *Fossile :* Dépôt de Saint-Saturnin. — *Vivant :* Fossés à Pont-Charroux, près de Clermont *(F. Pierre)*. Lussat *(Lastiolas)*. Le Buisson *(Max. Roux)*. Gour de Tazanat *(F. Hardouin)*. Aulnat; Pont-du-Château; Riom; Maringues; Billom; eaux minérales de Sainte-Marguerite (!).

CANTAL. Fossés, près de Maurs; mare d'eau douce, sous Montmurat; Saint-Constans (!).

Hab. Eaux limoneuses de la plaine. AR.

Var. **armoricana** Grun. (V. H. S. pl. 63, fig. 8).

PUY-DE-DÔME. Dans une mare d'eau douce, à Lussat *(Lastiolas)*. R.

Nitz. vermicularis (Ktz.) Hantz. (V. H. S. pl. 64, fig. 2).

PUY-DE-DÔME. Maringues; Randan; Billom (!).

Hab. Eaux stagnantes de la plaine. AR.

Max. Roux a trouvé ce *Nitzschia* à Cusset (Allier).

Nitz. Brebissonii W. Sm. (V. H. S. pl. 64, fig. 4 et 5).

PUY-DE-DÔME. *Fossile :* Dépôt de Rouilhas-Bas. — *Vivant :* Eaux minérales de Saint-Nectaire *(Max. Roux)*. Fossés du marais de Cœur (!).

Hab. Eaux minérales; fossés et étangs de la plaine. R.

GROUPE DES OBTUSÆ.

Nitz. obtusa W. Sm. (V. H. S. pl. 67, fig. 1).

PUY-DE-DÔME. *Fossile :* Dépôt des Queyrades n° 2. — *Vivant :* Fossés vaseux, à Culhat (!). Sondage du lac Pavin *(Ch. Bruyant* et *P. Gautier)*.

Hab. Eaux stagnantes, à toutes les altitudes. R.

Var. **scapelliformis** Grun. (V. H. S. pl. 67, fig. 2).

PUY-DE-DÔME. Fossés vaseux, à Lussat *(Lastiolas)*. R.

GROUPE DES SPECTABILES.

Nitz. spectabilis Rab. (V. H. S. pl. 67, fig. 8 et 9 = *Nitz. Smithii* Pritch.).

PUY-DE-DÔME. *Fossile :* Puy de Mur; Randanne; les Queyrades n° 2. R.

Obs. — Le *Nitz. spectabilis* du dépôt des Queyrades n° 2 est bien conforme aux figures de Van Heurck, mais il a 13 à 14 stries en 10μ, alors que le diatomiste belge en indique seulement 9 à 10 en 10μ, et Rabenhorst 15 à 17 en 10μ.

Groupe des LINEARES.

Nitz. linearis W. Sm. (V. H. S. pl. 67, fig. 13 à 15).

Puy-de-Dôme. *Fossile:* Dépôt de Saint-Saturnin. — *Vivant:* Lac d'Aydat; source froide, à Saint-Saturnin; Job, près d'Ambert; Nébouzat; fontaine de la place Delille, à Clermont; eaux minérales de Sainte-Marguerite (!). Sondage du lac Pavin *(Ch. Bruyant* et *P. Gautier)*. Le Buisson; plateau de Scey *(Max. Roux)*. Lussat *(Lastiolas)*. Pont-Charroux, près de Clermont *(F. Pierre)*.

Cantal. Boisset; Maurs; étang du Trioulou, près de Saint-Constans; Montmurat (!).

Hab. Espèce commune dans toutes les eaux stagnantes de la plaine.

Var. **major** V. H. (V. H. Types de Diat. nº 403).

Puy-de-Dôme. Le Buisson *(Max. Roux)*. R.

Nitz. tenuis Grun. (V. H. S. pl. 67, fig. 16).

Puy-de-Dôme. Tourbières de Vassivière; eaux minérales de Sainte-Marguerite (!). Bords de la Dore, sous Thiers *(Arbost)*. Etang de la Masse, près de Latour-d'Auvergne *(Paillarse)*. Le Buisson *(Max. Roux)*.

Cantal. Vic-sur-Cère ; Saint-Jacques-des-Blats; Mauriac (!).

Hab. Mêmes stations que l'espèce précédente. AR.

Nitz. subtilis Grun. (V. H. S. pl. 68, fig. 7 et 8).

Puy-de-Dôme. Ambert; Orcival; Pontgibaud (!). Coudes; Saint-Germain-Lembron *(Max. Roux)*.

Hab. Sur les plantes aquatiques des eaux stagnantes. AR.

Nitz. recta Htz. (V. H. S. pl. 67, fig. 17 et 18).

PUY-DE-DÔME. Varennes-sur-Usson *(Max. Roux)*. Champeix ; Saint-Sandoux (!).

Hab. Eaux stagnantes de la plaine. R.

Nitz. vitrea Norm. (V. H. S. pl. 67, fig. 10).

PUY-DE-DÔME. Eaux minérales de Saint-Nectaire *(Max. Roux)*. Sources minérales de Saint-Floret, de Sainte-Marguerite, de Saint-Alyre et du Salet, près de Courpière (!).

Hab. Espèce assez fréquente dans nos eaux minérales, surtout dans celles de Saint-Nectaire et de Saint-Floret.

Var. **gallica** J. Br. *nov.* (Pl. V, fig. 1 et 2).

A propos de cette variété remarquable, M. le professeur J. Brun a bien voulu me communiquer les détails suivants :

« Je suis pour le maintien du *Nitzschia vitrea* Norm. var. *gallica* J. Br.

« Il se peut que ce soit là la même forme que Grunow a dessinée (V. H. S. pl. 67, fig. 11), et c'est probable ; mais j'estime que c'est là une variété bien définie et à nommer. En effet, je n'ai pas observé de transition du type à cette variété dans les préparations où ces formes sont mêlées. La variété *gallica* y tranche toujours nettement par sa grandeur et son aspect. Elle est aussi trop abondante dans certaines récoltes d'Auvergne et du Midi, pour n'être qu'une simple forme sporangiale, car celles-ci sont toujours rares. Enfin, la différence assez notable et constante dans le nombre des stries, me semble aussi militer en faveur de l'adoption de cette grande forme comme étant une variété à distinguer du type. »

PUY-DE-DÔME. Source minérale de Saint-Floret (!). Saint-Nectaire *(Max. Roux)*. AC.

Un frustule incomplet, trouvé dans le dépôt de Vassivière, semble pouvoir être rapporté à cette variété.

Nitz. Kittlii Grun. (Pl. V, fig. 3).

Puy-de-Dôme. Source minérale de Saint-Floret, près d'Issoire, où il abonde; il est même très commun dans le tuf calcaire déposé par les eaux incrustantes de la source (!).

Cette grande et belle espèce, très remarquable par ses points carénaux gros et carrés, n'avait été trouvée encore qu'à l'état fossile en Hongrie, dans les dépôts de Soos *(Grunow)* et de Gyongyos *(Pantocsek)*. Le *Nitz. Kittlii* est donc nouveau pour la flore française.

C'est à M. H. Peragallo que je dois la détermination exacte de ce rarissime *Nitzschia*.

Groupe des LANCEOLATÆ.

Nitz. Palea Ktz. (V. H. S. pl. 69, fig. 22 *b.* et 22 *c.* = *Nitz. Kutzingiana* Hilse).

Puy-de-Dôme. *Fossile :* Dépôt de Ceyssat *(P. Petit* et *Leuduger-Fortmorel)*. — *Vivant :* Source minérale de Saint-Floret; Job, près d'Ambert; Clermont, fontaine de la place Delille (!). Royat, fontaine près de la gare *(F. Pierre)*. Coudes *(Max. Roux)*.

Cantal. Maurs; Murat; fontaine de Salers (!).

Hab. Eaux stagnantes; en plaine et en montagne. AC.

Var. **exilis** Grun. (?).

Puy-de-Dôme. Eaux minérales de la Bourboule *(Petit)*.

Var. **tenuirostris** Grun. (V. H. S. pl. 69, fig. 31).

Puy-de-Dôme. Clermont, fontaine de Saint-Alyre (!). R.

Nitz. fonticola Grun. (V. H. S. pl. 69, fig. 15 à 20).

Puy-de-Dôme. *Fossile :* Dépôt de Vassivière. — *Vivant :* Clermont, fontaine de la place Delille; source minérale de Saint-Floret (!).

Hab. Ordinairement mêlé à l'espèce précédente. AR.

Nitz. tubicola Grun. (V. H. S. pl. 69, fig. 14).

Bien conforme à la figure de Van Heurck. Longueur 40μ, avec 8 à 9 points carénaux en 10μ. Stries invisibles, même à l'aide des meilleures lentilles.

PUY-DE-DÔME. *Fossile :* Les Queyrades n° 2; Varennes n° 2. R.

Nitz. microcephala Grun. (V. H. S. pl. 69, fig. 21).

PUY-DE-DÔME. Eaux minérales de Saint-Nectaire *(Max. Roux)*. Source minérale du Salet, près de Courpière (!). AR.

Espèce nouvelle pour la France.

Nitz. minuta Bleisch (V. H. S. pl. 69, fig. 23).

PUY-DE-DÔME. Source minérale de Saint-Floret (!). R.

Nitz. communis Rab. (V. H. S. pl. 69, fig. 32).

PUY-DE-DÔME. Source minérale de Saint-Floret (!). R.

Var. **obtusa** Grun. (V. H. S. pl. 69, fig. 33 et 34).

PUY-DE-DÔME. Source minérale de Saint-Floret (!). AR.

Nitz. ovalis Arn. (V. H. S. pl. 69, fig. 36).

PUY-DE-DÔME. Eaux minérales du Salet, près de Courpière (!). RR.

Les quatre Diatomées précédentes ne paraissent pas s'éloigner de nos eaux minérales.

Nitz. amphibia Grun. (V. H. S. pl. 68, fig. 15 à 17).

PUY-DE-DÔME. *Fossile :* Dépôt du Creux Mortier. — *Vivant :* Gour de Tazanat *(F. Hardouin)*.

CANTAL. Murat ; Massiac; Vic-sur-Cère (!).

Hab. Eaux stagnantes de la plaine et des basses montagnes. AR.

Var. **Frauenfeldii** Grun. (V. H. S. pl. 68, fig. 18).

PUY-DE-DÔME. Gour de Tazanat *(F. Hardouin)*. Lac Chambon (!).

Hab. Mêlé au type, mais plus rare.

Nitz. acutiuscula Grun. (V. H. S. pl. 68, fig. 19).

PUY-DE-DÔME. *Fossile :* Dépôt de Ceyssat. AR.

Nitz. fossilis Grun. (V. H. S. pl. 68, fig. 24).

PUY-DE-DÔME. *Fossile :* Dépôt de Ceyssat, où il était déjà signalé par Grunow. AR.

Obs. — Quelques auteurs considèrent ces deux dernières espèces comme variétés du *Nitz. amphibia.*

Nitz. frustulum Grun. (V. H. S. pl. 68, fig. 27).

PUY-DE-DÔME. Eaux minérales de Sainte-Marguerite et de Saint-Floret; Job, près d'Ambert (!). Royat, fontaine près de la gare *(F. Pierre)*. Saint-Nectaire; le Buisson *(Max. Roux)*. Eaux minérales de la Bourboule *(P. Petit)*.

CANTAL. Aurillac, fontaine du Gravier; Vic-sur-Cère; Mandaille (!).

Hab. Etangs, fossés, eaux vives, à toutes les altitudes. AR.

Var. **perpusilla** Rab. (V. H. S. pl. 69, fig. 8).

CANTAL. Eaux minérales de Vic-sur-Cère (!). R.

Var. **minutula** Grun. (V. H. S. pl. 69, fig. 5).

CANTAL. Source minérale de Cropières, près de Raulhac (!). R.

Var. **Bulnheimiana** Grun. (V. H. S. pl. 68, fig. 30).

PUY-DE-DÔME. Royat, fontaine près de la gare *(F. Pierre)*. R.

Var. *nov.*?

Dans cette forme, on constate 12 points et 24 stries en 10μ.

Puy-de-Dôme. *Fossile :* Dépôt de Ceyssat. AR.

Nitz. Hantzschiana Rab. (V. H. S. pl. 69, fig. 1 = *Nitz. frustulum* var.).

Puy-de-Dôme. Issoire, fontaine de la place publique. *(Max. Roux)*. Coudes; Mezel; Lezoux (!).

Hab. Eaux stagnantes de la plaine. AR.

Nitz. inconspicua Grun. (V. H. S. pl. 69, fig. 6).

Puy-de-Dôme. Clermont, fontaine de la place Delille; grand bassin du Jardin des Plantes (!).

Hab. Çà et là dans les eaux stagnantes de la Limagne; fossés, bassins. AR.

Groupe des NITZSCHIELLA.

Nitz. acicularis W. Sm. (V. H. S. pl. 70 fig. 6).

Puy-de-Dôme. Etang, près de la gare de Courty; fossés du marais de Marmillat, près de Clermont (!).

Hab. Eaux stagnantes de la plaine. R.

Genre **Surirella** Turpin. 1827.

Sur. ovalis Bréb. (A. S. Atl. pl. 24, fig. 1 à 4).

Puy-de-Dôme. Le Buisson; Saint-Nectaire *(Max. Roux)*. Murols; Médagues; Gimeaux (!).

Cantal. Maillargues *(Biélawski)*. Vic-sur-Cère (!).

Hab. Mares, fossés, eaux stagnantes peu profondes, douces ou minérales. AC.

Sur. patella Ehrb. (A. S. Atl. pl. 23, fig. 62).

Puy-de-Dôme. Eaux minérales de Saint-Nectaire *(Max. Roux)*. Sources minérales de Sainte-Marguerite (!).

Assez rare à Saint-Nectaire et très commun dans la récolte de Sainte-Marguerite.

Hab. Eaux minérales de la plaine et de la montagne. R.

Sur. ovata Ktz. (A. S. Atl. pl. 23, fig. 49 à 55).

Puy-de-Dôme. Bords de l'Allier, sous le pont de Mirefleurs; Aulnat, près de Clermont; source ferrugineuse, près de Saint-Floret (!). La Ribayre; le Buisson *(Max. Roux)*.

Hab. Eaux stagnantes et bords des cours d'eau peu rapides. AC.

Var. **minuta** Bréb. (A. S. Atl. pl. 23, fig. 43 = *Sur. pinnata* Desm. *nec* W. Sm.).

Puy-de-Dôme. *Fossile:* Dépôt de Saint-Saturnin. — *Vivant :* Saint-Babel; le Buisson; plateau de Scey *(Max. Roux)*. Gimeaux; Volvic; Lezoux (!).

Cantal. Aurillac; Boisset; Ruines, près de Saint-Flour (!). AR.

Var. **pinnata** W. Sm. *nec* Desm. (Br. D. A. J. pl. 2, fig. 5).

Puy-de-Dôme. Issoire *(Max. Roux)*. Durtol; fontaine du village d'Orcines; Aubière (!).

Cantal. Massiac; Dienne (!). Allanche *(Biélawski)*. AR.

Sur. salina W. Sm. (A. S. Atl. pl. 23, fig. 61 = *Sur. ovata* var.).

Puy-de-Dôme. Plateau de Scey, près le Buisson *(Max. Roux)*. Eaux minérales de Médagues; Gimeaux (!).

Hab. Eaux stagnantes douces ou minérales. R.

Sur. splendida Ehrb. (A. S. Atl. pl. 22, fig. 15 à 17).

Puy-de-Dôme. *Fossile :* Dépôt de Vassivière. — *Vi-*

vant : Mont-Dore *(W. Smith)*. Saint-Nectaire *(Max. Roux)*. Lac de la Landie *(Dr Henneguy)*. Lac Guéry ; lac Chauvet ; lac Chambon ; bords de l'Allier, sous le pont de Mirefleurs (!). Gimeaux ; Tazanat *(F. Hardouin)*.

CANTAL. Tourbières du Cézallier *(Biélawski)*. Murat ; Thiézac (!).

Hab. Grands lacs et tourbières des hauts plateaux. AC.

Sur. splendidula A. Sch. var. **minuta** (A. S. Atl. pl. 23, fig. 5).

PUY-DE-DÔME. *Fossile :* Dépôt de Vassivière. R.

Diatomée nouvelle pour la flore française.

Sur. saxonica Auersw. (A. S. Atl. pl. 22, fig. 1 et 2).

PUY-DE-DÔME. *Fossile :* La Cassière ; Saint-Saturnin. — *Vivant :* Sondage du lac d'Aydat *(Ch. Bruyant)*.

Hab. Grandes eaux stagnantes ; lacs, étangs. R.

Sur. norvegica Ehrb. (A. S. Atl. pl. 21, fig. 17).

PUY-DE-DÔME. *Fossile :* Dépôt de Saint-Saturnin. C.

Obs. — Très variable de forme et de dimensions. Les grands exemplaires de ce dépôt présentent souvent un étranglement plus ou moins prononcé dans la partie médiane.

Les deux espèces précédentes sont nouvelles pour la France.

Sur. turgida W. Sm. (A. S. Atl. pl. 22, fig. 10).

PUY-DE-DÔME. *Fossile :* Dépôt de Saint-Saturnin. R.

Obs. — Ce *Surirella* est tout à fait conforme à la description donnée par W. Smith, et sa longueur, 129μ, est bien comprise dans les limites indiquées par cet auteur ; il ressemble aussi, comme forme, à la figure désignée, mais les côtes sont plus serrées ; elles sont au nombre de 2 en 10μ.

Sur. biseriata Bréb. (V. H. S. pl. 72, fig. 1 à 3 = *Sur. bifrons* Ehrb.).

Puy-de-Dôme. *Fossile :* La Cassière; Saint-Saturnin; Rouilhas-Bas; Varennes n° 1. — *Vivant :* Sommet du puy de Dôme; Croix-Morand; Job, près d'Ambert; source minérale du Salet, près de Courpière; source ferrugineuse, près de Saint-Floret (!). Saint-Babel *(Max. Roux)*. Sondage du lac d'Aydat *(Ch. Bruyant)*.

Cantal. Base du puy Mary; Saint-Urcize; Saint-Flour; Molompise; Arpajon (!).

Hab. Eaux vives ou limoneuses, douces ou minérales, à toutes les altitudes. AC.

Var. **elliptica** P. Petit (Diat. lacs des Vosg. fig. 12).

Puy-de-Dôme. Lac Servière, sur *Isoetes lacustris*. RR.

Var. **Ktz.** (A. S. Atl. pl. 23, fig. 2).

Puy-de-Dôme. *Fossile :* Dépôt du Creux Mortier. R. Bien conforme à la figure désignée, mais plus petite.

Var. **subacuminata** V. H. (V. H. S. pl. 72, fig. 1 et 2).

Puy-de-Dôme. Bords de l'Allier, sous Maringues; Pontgibaud (!). R.

Var. **linearis** W. Sm. (Br. D. A. J. pl. 2, fig. 9).

Puy-de-Dôme. Mont-Dore *(W. Smith)*. R.

Sur. Bruni F. Hérib. *nov.* (Pl. I, fig. 7).

Face valvaire elliptico-conique. Raphé longitudinal rectiligne, sans crochets ni ondulations, comme on en voit sur le *Surirella contorta* (Kitton M. J. pl. 81, fig. 4 (1874) et A. S. Atl. pl. 56, fig. 2). Longueur 140 à 170μ. Largeur 80 à 95μ. Environ 2 à 4 côtes en 10μ, le plus souvent 3. Vers les extrémités de la valve, les côtes atteignent la ligne médiane en s'incurvant plus ou moins en demi-cercle. Vers le centre valvaire, elles deviennent rectilignes et s'éteignent peu à peu, environ à mi-chemin. Elles gardent quelquefois une direction oblique par rapport à l'axe de la longueur; de plus, elles se prolongent toujours sur la face connective qui est ordinairement très large. Les stries intercostales sont au nombre de 20 en 10μ, en moyenne. En se rapprochant de la ligne médiane, les perles qui les composent s'atténuent et deviennent plus distantes; elles sont même souvent irrégulièrement espacées, si bien qu'à l'immersion homogène, l'œil les distingue et les différencie alors facilement.

Dans son ensemble, et surtout vers ses extrémités, cette espèce rappelle beaucoup le *Surirella gemma* d'Ehrenberg, mais elle se résout en perles bien plus facilement. Déjà avec de bonnes lentilles à sec et une lumière oblique, elle offre le même aspect dit « *en panier tressé* » du *Sur. gemma;* de plus, dans notre espèce, les perles sont rondes et non carrées comme dans le test précité. Silice mince, fragile.

PUY-DE-DÔME. *Fossile :* Dépôt marin du puy de Mur, où il n'est pas rare.

Qu'il me soit permis de dédier cette belle espèce à M. le professeur J. Brun, le savant diatomiste de la Faculté de Genève, auprès duquel j'ai toujours trouvé lumière et sympathie, pendant mes laborieuses recherches sur les Diatomées d'Auvergne.

Sur. striatula Turp. (V. H. S. pl. 72, fig. 5).

PUY-DE-DÔME. *Fossile :* Dépôt marin du puy de Mur, où il est commun dans la zone supérieure.

Var. **Gautieri** F. Hérib. et J. Br. (Pl. I, fig. 10).

Le type de cette espèce abonde dans les eaux saumâtres des côtes de la Méditerranée et de l'Océan, ainsi que dans les marais salants actuels.

La variété *Gautieri* diffère du type par sa forme toujours plus ovoïde et conique; par ses côtes non élargies vers les flancs de la valve, et en ce qu'elles sont parallèles entre elles, plus serrées et plus finement striées dans le sens de leur longueur. Ad. Schmidt (Atl. pl. 21, fig. 15) donne, sans la nommer, une forme qui semble avoir avec notre variété beaucoup d'analogie, mais qui a toutes ses côtes rectilignes et une bordure fort différente.

Puy-de-Dôme. *Fossile :* Dépôt du puy de Mur, mêlé au type et aussi fréquent que lui.

Cette jolie forme est dédiée à M. Paul Gautier, en souvenir de sa découverte du dépôt marin du puy de Mur (1).

Sur. helvetica J. Br. (Br. D. A. J. pl. 2, fig. 4).

Puy-de-Dôme. Tourbières de Vassivière; cascade de la Dore, au Mont-Dore; sommet de la vallée de Chaudefour (!).

Cantal. Cascade de Saint-Paul, près de Salers; source vive, près du sommet du Plomb (!).

Hab. Eaux vives et cascades des montagnes. AR.

Sur. elegans Ehrb. (A. S. Atl. pl. 21, fig. 18).

Puy-de-Dôme. *Fossile :* La Cassière; Rouilhas-Bas. — *Vivant :* Eaux minérales de Saint-Nectaire *(Max. Roux).* Etang de Chevalet, près de Charensat *(Montel).* Lac Guéry; tourbières de la Croix-Morand (!).

Cantal. Marais sous les rochers du Pas-de-Roland; Cheylade; prairies tourbeuses de Prat-de-Bouc (!). Tourbières du Cézallier *(Biélawski).*

Hab. Lacs, cascades et tourbières des hauts plateaux. AC.

(1) Le premier échantillon du dépôt du puy de Mur que j'ai eu le plaisir d'examiner, m'a été communiqué, en effet, par M. Paul Gautier, et je me fais un devoir de reconnaître et d'établir ici son droit de priorité relativement à la découverte de ce curieux dépôt, ne m'attribuant d'autre mérite que celui d'en avoir révélé la nature marine, par l'étude des Diatomées qu'il contient, étude que j'ai faite en collaboration avec M. le professeur J. Brun.

Sur. robusta Ehrb. (A. S. Atl. pl. 22, fig. 3 et 4 = *Sur. nobilis* W. Sm.).

PUY-DE-DÔME. Lac Servière; lac Guéry, sur *Isoetes lacustris* (!).

Hab. Grands lacs des montagnes. R.

Cette espèce habite aussi les lacs des Vosges *(P. Petit)*.

Sur. Crumena Bréb. (A. S. Atl. pl. 24, fig. 7 à 10).

PUY-DE-DÔME. Fontaine du village de Durtol, près de Clermont; bords de l'Allier, sous le pont de Mirefleurs (!). Cascade de Sainte-Elisabeth, près de Latour-d'Auvergne *(Paillarse)*.

CANTAL. Mauriac; Neussargues; Dienne; Mandaille; bords du Lot, à Vieillevie (!).

Hab. Bords vaseux des cours d'eau; fossés, étangs, en plaine et en montagne. AR.

Sur. gracilis Grun. (V. H. S. pl. 73, fig. 16).

PUY-DE-DÔME. Lac Servière, lac Chauvet; val d'Enfer, au Mont-Dore (!).

CANTAL. Sommet du ravin de la Croix, au Lioran; Dienne (!).

Hab. Cascades, lacs et eaux vives des montagnes. AR.

Var. **minor** J. Br. *nov.*

Longueur 50μ.

PUY-DE-DÔME. Etang d'Hospeux, près d'Issoire *(Max. Roux)*. R.

Sur. tenera Greg. (A. S. Atl. pl. 23, fig. 7 à 9 = *Sur. diaphana* Bleisch).

PUY-DE-DÔME. Eaux minérales de Saint-Nectaire *(Max. Roux)*. Champeix; Plauzat (!).

CANTAL. Eaux minérales de Chaudesaigues; Saint-Flour (!).

Hab. Eaux stagnantes, douces ou minérales. AR.

Sur. angusta Ktz. (A. S. Atl. pl. 23, fig. 39 à 41 = *Sur. apiculata* W. Sm.).

PUY-DE-DÔME. *Fossile :* Saint-Saturnin ; Vassivière. — *Vivant :* Plateau de Scey, près le Buisson *(Max. Roux)*. Eaux minérales de Sainte-Marguerite et du plateau du Saladi, près la gare de Vic-le-Comte (!). Lussat *(Lastiolas)*.

CANTAL. Eaux minérales de Vic-sur-Cère (!). Aurillac *(Biélawski)*.

Hab. Assez commun dans toutes les eaux de la plaine et des montagnes.

Var. **contorta** P. Petit.

Simple anomalie du type, sans importance.

PUY-DE-DÔME. Eaux minérales de la Bourboule *(P. Petit)*. RR.

Sur. spiralis Ktz. (V. H. S. pl. 74, fig. 4 à 7 = *Campylodiscus spiralis* W. Sm.).

PUY-DE-DÔME. *Fossile :* Dépôt de Verneuge. — *Vivant :* Grottes de Pranal, près de Pontgibaud ; grotte des Sorciers, à Saint-Floret (!). La Ribayre, fossés de la route *(Max. Roux)*.

Hab. Sources vives ombragées ; grottes humides ; souvent mêlé au *Melosira arenaria*. R.

GENRE **Campylodiscus** EHRB. 1841.

Camp. noricus Ehrb. (V. H. S. pl. 77, fig. 4 à 6 = *Surirella norica* Ehrb.).

PUY-DE-DÔME. Fontaine du hameau de Chez-Monnéron *(F. Hermand)*. Grotte des Sorciers, à Saint-Floret (!).

CANTAL. Source vive, sous les rochers Saint-Jacques, à Saint-Flour (!).

Hab. Marais, eaux vives, snrtout sur les Mousses aquatiques. AR.

Camp. costatus W. Sm. (V. H. S. pl. 77, fig. 3 = *Camp. hibernicus* Ehrb.).

PUY-DE-DÔME. *Fossile :* Dépôt de Saint-Saturnin. — *Vivant :* Layat, près de Riom *(Quittard)*. Saint-Babel *(Max. Roux)*. Enval, près de Vic-le-Comte (!).

CANTAL. Source vive située sous les rochers Saint-Jacques, à Saint-Flour (!).

Hab. Mêmes stations que l'espèce précédente. AR.

Camp. Thuretii Bréb. (V. H. S. pl. 77, fig. 1 = *Camp. simulans* Greg.).

PUY-DE-DÔME. *Fossile :* Dépôt marin du puy de Mur. RR.

Obs. — D'après certains micrographes, cette belle Diatomée marine ne serait autre chose qu'une déformation du *Surirella fastuosa* Ehrb. (Voir de Brébisson, *Remarques et Additions*).

GENRE **Stenopterobia** BRÉB. (*mst.*).

Genre créé par de Brébisson pour le *Surirella anceps* de Lewis, décrit en 1863-1865. — Kitton *(Monmouth deposit. Science Gossip, 1867)*, donne déjà cette Diatomée sous le nom que lui avait attribué de Brébisson, ce qui ferait remonter la création de ce genre entre 1863 et 1867.

St. anceps Lewis (Pl. IV, fig. 4).

PUY-DE-DÔME. *Fossile :* Dépôt de Vassivière, où il abonde, mais les exemplaires y sont presque toujours fragmentés.

Diatomée nouvelle pour la flore française.

Sous-Famille III. — CRYPTO-RAPHIDÉES.

9e Tribu. — CHÆTOCÉRÉES.

Genre **Periptera** Ehrb. 1844.

Perip. saxogallica J. Br. et F. Hérib. *nov.* (Pl. II, fig. 7).

Face valvaire elliptique. Longueur 16 à 23μ. Largeur 8 à 11μ. Surface lisse ou irrégulièrement ponctuée. Sur la bordure, on aperçoit des épines de longueur très variable et placées quelquefois obliquement ou transversalement. Face connective d'aspect tubulaire; l'une des terminaisons est arrondie et l'autre est rectiligne. Longueur 15 à 25μ. Surface lisse; munie quelquefois d'une rangée de perles placées près de la couronne d'épines; ces épines, vues ainsi de côté, apparaissent plates, simples ou ramifiées, diversement infléchies et toujours de longueur inégale. Silice très épaisse.

Cette espèce appartient à ce groupe de Diatomées encore mal défini, où viennent se ranger aussi les *Dycladia*, les *Pterotheca* et les *Syndendrium*. En tous cas, si le genre *Periptera* d'Ehrenberg mérite d'être conservé, notre Diatomée doit y être placée, car on y constate également des spicules épineux sur l'un des côtés du frustule, et, sur l'autre, une bosselure avec frange ponctuée. Si le frustule offrait une cloison transversale, il se rapprocherait de certains *Melosira*, notamment du *Melosira Skeletonema* Grév. (V. H. S. pl. 83 *ter*, fig. 6, 8 et 9).

Puy-de-Dôme. *Fossile:* Dépôt marin du puy de Mur. CC.

10e Tribu. — MÉLOSIRÉES.

Genre **Melosira** Ag. 1824.

Melos. Borreri Grév. (V. H. S. pl. 85, fig. 5 à 7 = *Melos. moniliformis* Ag.).

Puy-de-Dôme. *Fossile :* Dépôt marin du puy de Mur. AC.

Var. **ignimontana** J. Br. et F. Hérib. *nov.* (Pl. II, fig. 1).

Le *Melos. Borreri* de Gréville est très polymorphe. Plusieurs variétés ont déjà été décrites, savoir : var. *hispida* Castr. (V. H. S. pl. 85, fig. 8); var. *octogona* Grun. (Mer Caspienne, pl. 4, fig. 12). Le *Melos. setosa* Grév. (M. J. Diat. des Tropiques, pl. 6, fig. 17 à 19. — 1863), semble en être aussi une variété.

La variété *ignimontana* est caractérisée par une face valvaire hémisphérique, couronnée d'un cercle plus ou moins épineux, et placé environ aux deux tiers du diamètre. La courbure de la face connective porte quelquefois, mais pas toujours, 6 à 8 épines robustes et coniques. Striation ponctuée très nette. La ligne de suture du connectif est bordée d'une série de petites perles. Silice très épaisse, d'aspect ordinairement brun clair.

Puy-de-Dôme. Mêlé au type dans le même dépôt. AR.

Melos. varians Ag. (V. H. S. pl. 85, fig. 10 à 15).

Puy-de-Dôme. *Fossile :* Saint-Saturnin ; les Queyrades nº 2 ; Ceyssat ; Randanne. — *Vivant :* Le Buisson ; petit bassin de la maison du docteur Parret, à Clermont *(Max. Roux)*. Issoire ; Clermont, fontaine de la place Delille ; fontaine du village de Verneuge ; Châteaugay ; lac d'Aydat ; lac inférieur de la Godivelle ; Orcival (!). Lussat *(Lastiolas)*.

Cantal. Riom-ès-Montagne ; Murat ; Condat ; Saint-Cernin ; Maurs (!).

Hab. Espèce répandue dans les eaux stagnantes, à toutes les altitudes.

Melos. distans Ehrb. (V. H. S. pl. 86, fig. 21 à 23).

PUY-DE-DÔME. *Fossile* : Ceyssat; les Queyrades n° 1. — *Vivant* : Mont-Dore (*W. Smith*). Ambert; Job; Pontgibaud (!).

CANTAL. Saint-Flour; les Ternes; Ruines; Dienne; bords de la Maronne, sous Salers (!).

Hab. Eaux stagnantes ou courantes; rochers humides. AR.

Var. **alpigena** Grun. (V. H. S. pl. 86, fig. 28 et 29).

PUY-DE-DÔME. Eaux minérales de Saint-Nectaire (*Max. Roux*). R.

Melos. nivalis W. Sm. (V. H. S. pl. 86, fig. 25 à 27 = *Coscinodiscus minor* W. Sm. *nec* Ktz.).

PUY-DE-DÔME. *Fossile* : Les Queyrades n° 1; Vassivière; Randanne. — *Vivant* : Mont-Dore (*W. Smith*). Sommet de Pierre-sur-Haute (!).

CANTAL. Pente nord du Plomb; base du puy Mary; rochers humides du Pas-de-Roland (!).

Hab. Mêmes stations que l'espèce précédente; très rare en plaine; assez répandu au-dessus de 1,200 mètres d'altitude.

Melos. Rœseana Moor. (V. H. S. pl. 89, fig. 1 à 5 = *Melos. spinosa* Grév. = *Orthosira spinosa* W. Sm.).

PUY-DE-DÔME. *Fossile* : Rouilhas-Bas; Saint-Nectaire; Randanne. — *Vivant* : La Bourboule (*P. Petit*). Val d'Enfer, au Mont-Dore; sommet de la vallée de Chaudefour; Laqueuille; la Roche-Sanadoire (!). Grande cascade du Mont-Dore (*Max. Roux*). Grotte de Royat (*W. Smith*).

CANTAL. Le Lioran; Thiézac; la Vigerie; Albepierre; cascade de Saint-Paul, près de Salers (!).

Hab. Cascades et rochers mouillés des montagnes; descend très rarement dans la plaine. AR.

Melos. arenaria Moor. (V. H. S. pl. 90, fig. 1 à 3).

PUY-DE-DÔME. *Fossile :* Randanne; Creux Mortier; Saint-Saturnin; Varennes n° 2. — *Vivant :* Grotte de Saint-Floret; grotte de Royat; étang de Saint-Bonnet, près du village de Tazanat; Volvic (!). Yronde *(Max. Roux).*

CANTAL. Saint-Simon, près d'Aurillac; le Lioran; Dienne; Saint-Georges, près de Saint-Flour; Ségur; le Falgoux (!).

Hab. Eaux limoneuses ou limpides; cascades, rochers et grottes humides. AR.

Melos. lirata Ehrb. (V. H. S. pl. 87, fig. 1 et 2).

PUY-DE-DÔME. Lac Guéry; lac Servière, sur *Isoetes lacustris* (!).

Hab. Grands lacs des montagnes. R.

Var. **lacustris** Grun. (V. H. S. pl. 87, fig. 3).

Hab. Mêlé au type, mais plus rare.

Melos. granulata Ehrb. (V. H. S. pl. 87, fig. 9 à 12).

PUY-DE-DÔME. Etang de Chancelade *(Montel).* Val d'Enfer et sommet de la vallée de la Cour, au Mont-Dore (!).

CANTAL. Rochers humides du Pas-de-Roland; le Lioran; source vive, près du sommet du Plomb; lac de Menet; lac de la Crégut (!).

Hab. Cascades, lacs, rochers humides et sources vives des hautes montagnes. AR.

Melos. crenulata Ktz. (V. H. S. pl. 88, fig. 3 à 5).

PUY-DE-DÔME. *Fossile :* Saint-Saturnin ; Ceyssat ; les Queyrades nos 1 et 2 ; Randanne ; Pré Cohendy ; étang Saint-Loup. — *Vivant :* Sondage du lac Pavin *(Ch. Bruyant* et *P. Gautier)*. Le Buisson *(Max. Roux)*. Bassins de Theix ; Pont-des-Eaux (!).

CANTAL. Condat ; Neussargues ; Polmignac (!). Tourbières du Cézallier *(Biélawski)*.

Hab. Eaux stagnantes de la plaine ; lacs, fossés et canaux d'irrigation des montagnes. AR.

Var. **ambigua** Grun. (V. H. S. pl. 88, fig. 12 à 15).

PUY-DE-DÔME. *Fossile :* Creux Mortier ; Rouilhas-Bas. *Vivant :* Le Buisson *(Max. Roux)*. Champeix (!). Sondage du lac Pavin *(Ch. Bruyant* et *P. Gautier)*. AR.

Var. **valida** Grun. (V. H. S. pl. 88, fig. 8).

PUY-DE-DÔME. Lac Guéry ; lac Pavin (!).

CANTAL. Salers ; lac de la Crégut ; lac de Menet (!). R.

Var. **undulata** M. Perag. et F. Hérib. *nov.* (Pl. V, fig. 15).

Cette variété présente, comme le *Melos. crenulata*, un cercle de petites épines droites et obtuses ; mais elle s'en distingue nettement en ce que les stries de la face connective sont formées de points excessivement fins, et allongés dans le sens de la génératrice ; ces points, irrégulièrement espacés, forment comme un moiré de lignes sinueuses transversales, analogues à celles que l'on observe chez le *Cocconeis Placentula*. La face valvaire est lisse, excepté celle des grands individus (probablement les frustules sporangiaux), où elle est sablée de points très fins.

PUY-DE-DÔME. *Fossile :* Dépôts de Verneuge et du Pré Cohendy. R.

Melos. lævis Grun. (V. H. S. pl. 88, fig. 19).

PUY-DE-DÔME. *Fossile :* Dépôt du Creux Mortier. AC.

Melos. Dickiei (Thw.) Ktz. (V. H. S. pl. 90, fig. 10 à 16).

PUY-DE-DÔME. Bords de l'Allier, à Bellerive. RR.

Cette espèce sera trouvée très probablement sur d'autres points. M. le chanoine Durin me l'a communiquée de Moulins (Allier).

Melos. lineolata Grun. (V. H. S. pl. 88, fig. 1 et 2).

PUY-DE-DÔME. *Fossile :* Dépôt d'Olby. AC.

Melos. tenuis Grun. (V. H. S. pl. 88, fig. 9 et 10).

PUY-DE-DÔME. *Fossile :* Saint-Saturnin ; Pré Cohendy ; Creux Mortier. — *Vivant :* Eaux minérales de Saint-Nectaire *(Max. Roux).* Etang de Chancelade *(Montel).* Lac Pavin ; lac Guéry (!).

CANTAL. Saint-Jacques-des-Blats ; lac de la Crégut ; lac de Madic (!).

Hab. Grands lacs, fossés des prairies de la région montagneuse. AR.

Melos. tenuissima Grun. (V. H. S. pl. 88, fig. 11).

PUY-DE-DÔME. *Fossile :* Dépôt de Saint-Saturnin, où il est très commun et bien caractérisé.

Melos. Bruni M. Perag. et F. Hérib. *nov.* (Pl. V, fig. 8, 9 et 10).

La face connective de cette espèce, dédiée à M. J. Brun, ressemble beaucoup à celle du *Melosira sulcata* Ehrb. (V. H. S. pl. 91, fig. 13 et 14), mais la face valvaire diffère notablement de la figure 14 de la même planche ; les granules sont plus gros, plus dispersés, disposés sans ordre, et plus serrés vers les bords que vers le centre, qui est souvent hyalin.

PUY-DE-DÔME. *Fossile :* Dépôt de Varennes n° 1. C.

Melos. varennarum M. Perag. et F. Hérib. *nov.* (Pl. V, fig. 12, 13 et 14).

Frustule à valves dissemblables et presque planes, à centre lisse, très large. Valve supérieure striée seulement sur une zone de 7 à 8μ; présentant, soit l'aspect d'une valve de *Melosira arenaria*, dont le bord seul serait strié, soit plutôt celui de la figure 13, planche 74, de l'Atlas de Ad. Schmidt, mais beaucoup moins marqué. Valve inférieure portant de petites côtes proéminentes, ayant à peine une longueur de 7μ, terminées par une petite perle qui est plutôt visible sur la face connective que sur la face valvaire. Les côtes sont au nombre de 7 à 7 1/2 en 10μ. Face connective rectangulaire, beaucoup plus courte que large. La ligne de jonction des deux frustules accolés montre un rang de petites perles sur un des côtés seulement, ce qui prouve que les valves sont dissemblables. Comme dans le *Melosira arenaria*, cette face est couverte de petits points formant des stries décussées, au nombre de 20 en 10μ. Diamètre de la valve, 50 à 60μ.

Puy-de-Dôme. *Fossile :* Varennes n° 1; Randanne.

Très commun dans le premier des deux dépôts et rare dans le second.

Obs. — Le *Melosira Boulayana* M. Perag., du dépôt de Ranc (Ardèche), est assez voisin de notre *Melos. varennarum*, mais celui de l'Ardèche s'en distingue cependant par le nombre de côtes (5 à 6 en 10μ, au lieu de 7 à 7 1/2); par ses dimensions plus petites et surtout en ce que la perle qui, dans l'espèce d'Auvergne termine la côte, se trouve, dans le *Melos. Boulayana*, sur son prolongement, comme un point sur un *i*, et presque en dehors de la valve même.

Melos. orichalcea Mertens *nec* W. Sm. (Br. D. A. J. pl. 1, fig. 9).

Puy-de-Dôme. *Fossile :* Ceyssat; les Queyrades n° 1. — *Vivant :* Pionsat *(Max. Roux)*. Etang de Chancelade

(Montel). Ambert; Pierre-sur-Haute; Gour de Tazanat; Coudes; Murols; Volvic; Pontgibaud (!).

CANTAL. Dienne, Albepierre; fossés des prairies de Saint-Urcize (!).

Hab. Eaux stagnantes de la plaine; canaux d'irrigation des prairies des basses montagnes. AC.

Melos. striata M. Perag. et F. Hérib. *nov.* (Pl. V, fig. 11).

Espèce très petite. Frustule complet un peu plus long que le diamètre, portant des stries longitudinales fines, au nombre de 16 en 10μ, et ne paraissant pas granuleuses; elles ne sont bien visibles que dans les grands exemplaires. Diamètre 8 à 12μ.

PUY-DE-DÔME. *Fossile :* Dépôt de la Cassière. C.

Melos. Heribaudi J. Br. *nov.* (Pl. II, fig. 9).

Face valvaire granuleuse ou pruinée, avec un centre lisse ou verruqueux. Striation invisible. Diamètre 10 à 25μ. Surface de jonction des frustules munie d'une excavation médiane. Les frustules ne se rencontrent jamais unis en longs filaments; tout au plus trouve-t-on deux frustules accolés, ce qui rapproche cette espèce des *Cyclotella*. Du reste, ces deux genres passent insensiblement de l'un à l'autre, et je ne puis admettre qu'ils soient placés dans deux tribus différentes, comme l'ont fait quelques auteurs.

Cette espèce fossile a aussi bien le facies des *Cyclotella* que celui des *Melosira*, et c'est l'absence de stries radiantes sur le disque extérieur de la valve qui m'a déterminé à la placer dans ce dernier genre. Silice très épaisse et robuste.

PUY-DE-DÔME. *Fossile:* Dépôt marin du puy de Mur. CC.

Le *Melos. Heribaudi* a quelque analogie avec le *Melos. Westii* W. Sm. des mers tropicales, tel que l'a dessiné M. l'abbé de Castracane, mais il n'est pas possible d'identifier les deux espèces.

GENRE **Cyclotella** KTZ. 1833.

Cyclot. operculata Ktz. (V. H. S. pl. 93, fig. 22 et 23).

PUY-DE-DÔME. Croix-Morand ; lac d'Aydat ; eaux minérales de Sainte-Marguerite ; étangs des bois de Lezoux ; Lapeyrouse (!).

CANTAL. Lac de la Crégut ; Raulhac ; la Condamine, près d'Aurillac (!). Arpajon *(J. Brun).*

Hab. Marais, étangs, fossés d'irrigation, à toutes les altitudes. C.

Var. **antiqua** W. Sm. (V. H. S. pl. 92, fig. 1).

PUY-DE-DÔME. Lac d'Aydat ; étang de Giat, près d'Aigueperse ; lac Servière (!). Bords de la Dore, sous Thiers, sur *Hottonia palustris (Arbost).*

Hab. Mêmes stations que le type, mais plus rare.

Cyclot. comta Ktz. (V. H. S. pl. 92, fig. 16 à 22 = *Cyclot. discophæa* Ehrb.).

PUY-DE-DÔME. Gour de Tazanat *(F. Hardouin).* Lac d'Aydat ; lac Pavin ; sommet de Pierre-sur-Haute ; petit étang à la base du puy de Côme (!).

CANTAL. Lac de la Crégut ; lac de Menet ; marais au-dessus de Chastel-sur-Murat (!).

Hab. Eaux stagnantes ; grands lacs, tourbières. AR.

Var. **arverna** M. Perag. et J. Br. (Pl. V, fig. 16).

Forme voisine du *Cyclotella radiosa* Grun. (V. H. S. pl. 92, fig. 23), dont il se distingue par la silice légèrement jaunâtre, par les perles plus grosses et par les granules de la partie centrale plus fins.

PUY-DE-DÔME. *Fossile :* Ponteix ; Creux Mortier ; Rouilhas-Bas. — *Vivant :* Sondage du lac d'Aydat *(Ch. Bruyant).* AR.

Cyclot. bodanica Eul. (V. H. S. pl. 93, fig. 10 = *Cyclot. comta* var.).

PUY-DE-DÔME. Lac d'Aydat ; lac Chauvet; marais, près de Besse (!).

Hab. Lacs et tourbières de la région montagneuse. R.

Cyclot. comensis Grun. (V. H. S. pl. 93, fig. 16 et 17 = *Cyclot. comta* var.).

PUY-DE-DÔME. Lac Servière ; lac Guéry ; marais tourbeux de la Croix-Morand (!).

Hab. Mêmes stations que l'espèce précédente. R.

Cyclot. Kutzingiana Thw. (V. H. S. pl. 94, fig. 1 à 4).

PUY-DE-DÔME. Bords de l'Allier, à Pont-du-Château ; lac d'Aydat ; lac Guéry (!).

CANTAL. Lac de la Crégut ; Massiac ; étang, près de Cayrols (!).

Hab. Eaux vives ; lacs, tourbières, cascades, en plaine et en montagne. AR.

Cyclot. Meneghiniana Ktz. (V. H. S. pl. 94, fig. 11 à 13).

PUY-DE-DÔME. *Fossile :* Dépôt de Saint-Saturnin, où il est excessivement commun.

Obs. — Espèce voisine de la précédente dont elle n'est peut-être qu'une variété plus petite, à stries et ponctuation marginale plus faibles. Dans le dépôt de Saint-Saturnin, cette forme y est d'ailleurs extrêmement variable comme dimensions et comme flexuosité de la valve. Le diamètre varie de 7 à 28μ. Les exemplaires de grande dimension sont presque plats et ressemblent beaucoup au *Stephanodiscus Astræa* du même dépôt (V. H. S. pl. 95, fig. 5).

Cyclot. stelligera Cl. et Grun. (V. H. S. pl. 94, fig. 22 à 26).

PUY-DE-DÔME. *Fossile :* Dépôt des Queyrades n° 2, où il est bien caractérisé. AR.

GENRE **Stephanodiscus** EHRB. 1845.

Steph. Astræa Ktz. (V. H. S. pl. 95, fig. 5 = *Cyclotella rotula* W. Sm.).

PUY-DE-DÔME. *Fossile :* Dépôt de Saint-Saturnin. R.

Var. **minutula** Grun. (V. H. S. pl. 95, fig. 7 et 8).

PUY-DE-DÔME. *Fossile :* Vassivière ; Champeix. — *Vivant :* Sondage du lac Pavin (*Ch. Bruyant* et *P. Gautier*).

CANTAL. *Fossile :* Dépôt de Joursac. AR.

Steph. Hantzschianus Grun. (V. H. S. pl. 95, fig. 10).

Espèce à rechercher dans nos dépôts fossiles, où elle a été signalée par M. H. Peragallo.

11e TRIBU. — COSCINODISCÉES.

GENRE **Coscinodiscus** EHRB. 1838.

Cosc. pygmæus J. Br. et M. Perag. *nov.* (Pl. I, fig. 9 et Pl. V, fig. 17 et 18).

Valve bombée. Anneau marginal lisse, robuste, assez caduc. Perles centrales anguleuses, relativement grosses, irrégulièrement espacées. Les autres perles beaucoup plus petites, serrées et s'atténuant jusqu'à la marge. Diamètre 10 à 25μ.

Cette petite espèce, bien distincte, n'a guère d'analogie qu'avec le *Coscinodiscus decipiens* de Grunow (V. H. S. pl. 91, fig. 10), dont elle diffère par ses perles qui s'atténuent brusquement du centre au bord, à partir de la moitié environ du rayon ; par son anneau marginal lisse et par l'absence d'épines marginales.

PUY-DE-DÔME. *Fossile :* Puy de Mur ; Varennes n° 1. AC.

Var. **micropunctata** M. Perag. et F. Hérib. *nov.* (Pl. V, fig. 19).

Se distingue du type par ses perles beaucoup plus petites.

PUY-DE-DÔME. *Fossile :* Mêlé au type dans le dépôt de Varennes n° 1. C.

Cosc. radiatus Ehrb. (A. S. Atl. pl. 60, fig. 5 à 10).

PUY-DE-DÔME. *Fossile :* Dépôt marin du puy de Mur. R.

Cosc. dispar M. Perag. et F. Hérib. *nov.* (Pl. V, fig. 21 et 22).

Espèce très petite. Frustule très bombé, et, par suite, face connective elliptique. Valves dissemblables. La face supérieure (fig. 22) porte des perles sensiblement égales, tant au centre qu'à la circonférence ; elles sont éparses sur le disque, isolées au centre et de plus en plus serrées sur les bords, où elles sont quelquefois alignées en petites cordes ou arcs. Les perles de la valve inférieure sont sensiblement de la même dimension ; elles sont éparses au centre et disposées en séries rayonnantes vers la circonférence ; de plus, le bord, ordinairement lisse dans la valve supérieure, porte, dans la valve inférieure, 7 ou 8 côtes ou épines. On compte 15 à 17 perles en 10μ. Le diamètre du disque varie entre 8 et 22μ.

PUY-DE-DÔME. *Fossile :* Dépôt de Varennes n° 2, où il est très commun ; c'est l'espèce caractéristique du dépôt.

Var. **radiata** M. Perag. et F. Hérib. *nov.* (Pl. V, fig. 23 et 24).

Se distingue du type en ce que les perles sont dans un ordre plus régulier; dans la valve inférieure elles sont rayonnantes jusqu'au centre. Le bord du disque porte ordinairement 10 côtes ou épines.

Cette variété ne se rencontre que dans les plus grandes formes de 18 à 22μ, rarement dans celles qui ont un diamètre moindre.

Puy-de-Dôme. Mêlé au type. AC.

Cosc. exasperans Roth (A. S. Atl. pl. 58, fig. 9).

Puy-de-Dôme. *Fossile :* Dépôt marin du puy de Mur. R.

Coscinodiscus chambonis M. Perag. et F. Hérib. *nov.* (Pl. V, fig. 20).

Espèce très petite; face connective rectangulaire; face valvaire plane, circulaire, couverte de petites perles de dimensions sensiblement égales au centre et à la circonférence, formant des lignes rayonnantes plus ou moins sinueuses et anastomosées; au centre, on trouve quelques perles plus grosses que les autres. Les deux valves sont un peu dissemblables; la différence consiste dans le rayonnement plus ou moins marqué des perles et dans la longueur des côtes marginales qui se réduisent parfois à une simple perle brillante sur le bord de la valve. La circonférence porte 15 à 20 petites côtes ou épines. On compte environ 20 perles en 10μ.

Le diamètre de la valve varie entre 8 et 20μ. Espèce très distincte.

Puy-de-Dôme. *Fossile :* Dépôt de Varennes n° 3, où il constitue à lui seul presque toute la masse du dépôt.

Cosc. Hauckii Grun. ? (V. H. S. pl. 94, fig. 29).

La figure 29, désignée ci-dessus et dessinée par Grunow, est-elle bien véritablement un *Coscinodiscus ?* Dans le dépôt des Queyrades, on trouve plusieurs valves tout à fait semblables à cette figure; mais, pour M. Maurice Peragallo, qui les a examinées avec le plus grand soin, elles ne sont autre chose que des frustules de *Melosira distans* ou *crenulata*, dont la valve terminale s'arrondit, les épines disparaissent et les stries ponctuées empiètent sur la valve, de sorte que, vu du côté valvaire, le frustule paraît sous la forme circulaire, strié sur les bords et ponctué au centre.

GENRE **Heribaudia** M. PERAG. *nov.* 1893.

Face valvaire formée d'un disque circulaire hyalin, ou très finement ponctué, muni d'un rebord portant trois petites expansions ou ailes coniques, entre lesquelles s'épanouissent trois autres ailes plus grandes, arrondies et plissées.

Herib. ternaria M. Perag. *nov.* (Pl. V, fig. 25).

Caractères du genre. — Diamètre du disque 20μ. Largeur totale de la face valvaire 30μ.

PUY-DE-DÔME. *Fossile :* Dépôt de Varennes n° 2. RR.

ADDITIONS.

NOTE

SUR LE DÉPOT MARIN DU PUY DE MUR.

Le dépôt du puy de Mur est situé à 500 mètres d'altitude, et à 100 mètres environ au-dessous du sommet basaltique de la montagne.

L'épaisseur paraît être d'une dizaine de mètres.

Les couches inférieures sont parallèles, très friables, d'un gris jaunâtre, avec des teintes qui tranchent çà et là sur la couleur générale, par un aspect plus blanc ou plus foncé.

La région supérieure se présente sous la forme d'une masse grisâtre, compacte et homogène, d'une densité plus grande que celle des assises inférieures; de plus, elle n'offre pas de stratification bien distincte.

Ce dépôt, que l'on retrouvera sans nul doute sur d'autres points de notre Limagne tertiaire, s'est donc formé par assises successives obéissant à des conditions variées.

Cependant, la composition des couches inférieures diffère peu de l'une à l'autre, et l'investigation microscopique révèle presque toujours les mêmes espèces de Diatomées.

Dans la zone supérieure, les grandes espèces, telles que : *Navicula aquitaniæ* et *basaltæproxima ; Surirella striatula*, etc., sont fréquentes et souvent en exemplaires complets ; tandis que, dans les assises inférieures, ces belles espèces sont rares et presque toujours brisées.

La pression qu'a subie ce dépôt a dû être formidable, car, chauffé avec des cristaux de sulfate de soude hydraté, il se gonfle énormément par le refroidissement de la masse.

L'examen microscopique permet d'y reconnaître des grains de pollen de Conifères, caractérisés par leur forme trimamelonnée et leur surface réticulée. On y constate encore la présence de débris amorphes de fibres et de cellules végétales, mêlés à une abondante poussière minérale.

Etudiée dans le champ visuel du microscope à la lumière polarisée, cette poussière minérale ne semble pas provenir de roches éruptives ; c'est aussi l'opinion de M. le professeur J. Brun et de son fils, très versés l'un et l'autre dans cette étude minéralogique ; ces éléments minéraux n'ont pas le facies spécial des sables volcaniques.

Le sable est toujours mêlé de limonite, et les angles vifs des grains prouvent que ce sable n'a pas été roulé, ou du moins n'a pas subi la longue action de la vague comme celui des plages maritimes.

Dans certaines fractions de couches blanchâtres, très friables et pulvérulentes, on observe de très petits cristaux blancs, bacillaires, parfaitement rectilignes, plats, obliquement tronqués, solubles dans l'acide chlorhydrique avec effervescence, et dont le plan d'extinction est à 45°. Ce sont très probablement des cristaux de carbonate de chaux (aragonite), dont la cristallisation a marché avec la dessiccation lente du gisement.

La *Florule diatomique* de ce curieux dépôt comprend

les espèces et variétés suivantes, soigneusement vérifiées par M. J. Brun, avec les lentilles apochromatiques modernes les plus parfaites :

Cocconeis lineata Grun., page 44.
— *molesta* Grun., page 46.
Achnanthes exigua Grun., page 48.
— *lanceolata* Grun., page 49.
— *microcephala* Grun., page 49.
Navicula aquitaniæ J. Br. et F. Hérib., page 81.
— — var. *undulata* J. Br. et F. Hérib., page 81.
— *basaltæproxima* J. Br. et F. Hérib., page 89.
— — forma *bigibba* J. Br. et F. Hérib., page 89.
— *recta* J. Br. et F. Hérib., page 90.
— *icaustauron* Cl. et Grun. var. *conifera* J. Br. et F. Hérib., page 91.
— *Cyprinus* W. Sm., page 102.
— *bomboides* A. Sch., page 103.
— — var. *media* Cl. et Grun., page 104.
— — var. *minor* J. Br. et F. Hérib., page 104.
— *crassirostris* Cl. et Grun., page 104.
— *lævissima* Grun., page 114.

Navicula Julieni F. Hérib. et J. Br. *nov.* (Pl. VI, fig. 8 et 9 = *Van Heurckia* Bréb.).

Longueur 70 à 100μ. Largeur moyenne 17μ. Valve hyaline, ordinairement elliptique, allongée, à terminaisons acuminées, un peu coniques ; quelquefois, mais rarement, elliptique-lancéolée (fig. 9). Les bordures de la valve, surtout les nervures médianes, sont très en relief. Stries longitudinales fines, légèrement ondulées, parallèles aux colonnes des nervures médianes, un peu courbées autour du nodule central. Stries transversales très fines, plus serrées, peu distinctes, non convergentes, toujours rectilignes et parallèles entre elles. Le réseau de cette striation, vu à l'immersion homogène, rappelle tout à fait celui des *Van Heurckia*. Les deux fortes nervures longitudinales et médianes sont à peine dilatées près du nodule central, qui est très petit et peu visible. A leurs extrémités, elles s'atténuent en une pointe conique surmontée d'une grosse perle obliquement placée (fig. 8 *d*). — Espèce bien distincte.

Le *Pleurosigma Kjellmannii* Cl. (Clève et Grun. pl. 4, fig. 8) offre, à première vue, un aspect assez semblable au *Nav. Julieni*, surtout par la striation. — Le *Nav. Martonfii* Pant. (Pl. 17, fig. 247) a bien aussi quelque ressemblance, mais, tel qu'il est dessiné, les fortes nervures médianes ne sont guère indiquées et, de plus, les nodules sont bien différents. — Enfin, le *Nav. frigida* Grun. (Fr. Jos. Land, pl. 1, fig. 25), Diatomée marine, se rapproche également de notre espèce, mais sans qu'il soit possible d'identifier les deux formes fossiles.

Hab. Trouvé récemment dans la couche supérieure du dépôt, mêlé aux grands *Nav. aquitaniæ* et *basaltæ-proxima;* au *Surirella striatula* et à sa variété *Gautieri*.

Cette Navicule est dédiée à M. A. Julien, professeur de Géologie à la Faculté de Clermont-Ferrand.

Amphiprora recta Greg., page 123.

Raphoneis belgica Grun., page 136.

— var. *elongata* Grun., page 136.

— *amphiceros* Ehrb., page 136.

Synedra affinis Ktz., page 140.

— — var. *subtilis* Grun., page 141.

Fragilaria brevistriata Grun., page 146.

— — var. *laponica* Grun., page 146.

— *pacifica* Grun., page 147.

— var. *trigona* J. Br. et F. Hérib., page 147.

Striatella Girodi F. Hérib. et J. Br., page 157.

Tetracyclus decoratus J. Br. et F. Hérib., page 158.

Nitzschia panduriformis var. *lucida* J. Br. et F. Hérib., page 163.

— *spectabilis* Ralfs, page 168.

Nitzschia socialis var. *basaltica* J. Br. et F. Hérib., page 166.

Surirella Bruni F. Hérib., page 177.

— *striatula* Turpin, page 178.

— — var. *Gautieri* F. Hérib. et J. Br., page 178.

Campylodiscus Thureti Bréb., page 182.

Periptera saxogallica J. Br. et F. Hérib., page 183.

Melosira Borreri Grun., page 184.

— — var. *ignimontana* J. Br. et F. Hérib., page 184.

— *Heribaudi* J. Br., page 190.

Coscinodiscus exasperans Roth, page 195.

— *pygmæus* J. Br. et M. Perag., page 193.

— *radiatus* Ehrb., page 194.

Telle est la série des Diatomées contenues dans le dépôt du puy de Mur; on voit qu'il renferme un mélange curieux d'espèces d'eau douce, d'eau saumâtre et surtout d'espèces exclusivement marines, telles que : *Coscinodiscus radiatus; Periptera saxogallica; Nitzschia socialis* et *panduriformis; Navicula bomboides, aquitaniæ, basaltæproxima Julieni; Striatella Girodi; Surirella Bruni, striatula* et sa variété *Gautieri*, etc., etc.

Les espèces et variétés déjà connues ne se rencontrent guère aujourd'hui que dans les mers tropicales; quant aux espèces nouvelles, on ne les trouve plus dans les eaux marines actuelles; mais, dans leurs dépôts modernes, on observe des formes voisines presque équivalentes :

Ainsi, le *Striatella Girodi* correspond au *Str. unipunctata* Ag. actuel; le *Tetracyclus decoratus*, au *Tetr. emarginatus* Ehrb.; le *Cocconeis molesta* y est identique à l'espèce actuelle des lagunes de Venise; le *Melosira Heribaudi* rappelle le *Melos. Westii* W. Sm., tel qu'il est dessiné par l'abbé de Castracane (Diat. des mers tropicales. — Chalenger); le *Surirella Bruni* offre, pour le réseau de sa striation, une bien singulière analogie avec le *Sur. gemma* Ehrb.; de même que le *Navicula basaltæproxima* touche au *Nav. elegans* W. Sm., etc.; toutes espèces marines ou saumâtres des côtes actuelles de la France.

Ces analogies remarquables rendent ce gisement fort intéressant et très instructif.

Le fait que le dépôt du puy de Mur s'est formé dans des lagunes où l'eau de mer et l'eau douce venaient jadis s'établir alternativement, reste incontestable, et les espèces très spéciales qui s'y rencontrent, et que l'on n'a pas encore trouvées ailleurs, indiquent aussi qu'il s'est formé dans des conditions toutes particulières de lumière, de salaison, de température et de profondeur de l'eau.

La nature marine de ces couches à Diatomées étant bien établie, il restait à résoudre la question délicate relative à leur formation.

C'est au profond savoir de notre éminent professeur, M. A. Julien, que la science géologique sera redevable de la solution lumineuse de ce beau problème.

Voici le résultat de ses savantes recherches, et tel qu'il a bien voulu me le communiquer :

Clermont-Ferrand, le 20 mai 1893.

MONSIEUR ET CHER CONFRÈRE,

Vous m'avez fait l'honneur de me demander mon opinion sur l'origine des couches à Diatomées marines et saumâtres que vous avez si heureusement découvertes au puy de Mur, découverte très inattendue et qui jette un vif rayon de lumière sur un point spécial de la stratigraphie de notre Limagne tertiaire.

J'écarterai tout d'abord l'hypothèse, à mon avis très improbable, d'une colonie accidentelle rappelant les colonies de plantes salines qui rendent si intéressante la flore actuelle de l'Auvergne. J'estime que les couches à Diatomées du puy de Mur, épaisses d'une dizaine de mètres environ, et dont vous avez reconnu et suivi les affleurements à tous les aspects de la montagne, constituent un réel niveau stratigraphique.

C'est un horizon saumâtre, puisque les précieuses algues siliceuses qu'il renferme forment un mélange intime d'espèces marines, d'espèces saumâtres et d'espèces d'eau douce. Il est par conséquent incontestable, aux yeux d'un géologue, que la mer a pénétré chez nous, pour y former ces assises, et qu'elle a ainsi introduit au milieu des couches lacustres un niveau de couches lagunaires, bien que l'on n'y ait pas encore découvert de fossiles marins autres que les Diatomées microscopiques en question, ce qui n'est, sans nul doute, qu'une affaire de temps et de persévérance dans les recherches.

Pour avoir la solution de ce délicat et difficile problème posé par votre curieuse et originale découverte, il faut répondre aux trois questions suivantes :

1° Quel est l'exact niveau stratigraphique des couches à Diatomées du puy de Mur et de celles qui en sont le prolongement encore hypothétique dans la Limagne, et qu'il faut y découvrir ?

2° Où était la mer à cette époque ?

3° Quelle direction a suivie le bras de mer partant de l'Océan, ou mieux la traînée de lagunes qui a atteint notre région lacustre ?

POSITION STRATIGRAPHIQUE. — Les couches à Diatomées appartiennent à l'Aquitanien supérieur. On sait que dans les bassins de la Seine et de la Loire, au nord du Plateau Central, l'étage aquitanien qui fait suite à l'étage tongrien (les deux étages ayant été formés dans le cours de la période oligocène) forme deux puissantes assises réunies sous le nom de « Calcaire de Beauce ».

L'assise inférieure que l'on désignait jadis sous le nom de « Calcaire du Gâtinais », créé par M. de Roys, est plus connue de nos jours sous celui de « Calcaire de Beauce inférieur ». Cette assise est représentée dans la Limagne par les couches à *Lymnœa pachygaster* et *Planorbis cornu*, qui débutent à la base par les couches saumâtres à *Potamides Lamarcki* et *Hydrobia Dubuissoni*. Ces premières couches à *Potamides* reposent sur les arkoses supérieures de la Limagne et sur les argiles sableuses du bassin d'Issoire, qui terminent l'étage tongrien.

L'assise supérieure est aussi connue sous le nom de « Calcaire à Hélices de l'Orléanais » ou de « Calcaire de Beauce supérieur ».

Elle a pour équivalent synchronique, dans la Limagne, le calcaire à *Helix Ramondi* et à Phryganes qui recouvre le calcaire à Lymnées. Or, c'est en plein calcaire à *H. Ramondi* que sont intercalées les couches à Diatomées. Elles appartiennent donc, comme je vous le disais plus haut, à l'Aquitanien supérieur.

Permettez-moi d'ajouter quelques notions de plus aux précédentes, notions qui ne seront pas inutiles pour la discussion qui va suivre.

Au-dessus de l'Aquitanien, apparaissent dans la vallée de la Loire, principalement dans la forêt d'Orléans, des sables ferrugineux d'origine fluviatile, puis des marnes qui les dépassent transgressivement et sont, à leur tour (en faisant abstraction des sables azoïques de la Sologne), recouvertes par les dépôts coquilliers marins, ou faluns de la Touraine. Les sables ferrugineux et les marnes forment l'étage Langhien ou Burdigalien, nom proposé tout récemment par M. Depéret, professeur à la Faculté de Lyon. C'est dans cet étage qu'apparaissent pour la première fois, en France, les deux grands genres de Pachydermes, *Dinotherium* et *Mastodon*, associés à beaucoup d'autres vertébrés, comme à Neuville-aux-Bois, par exemple, dans les sables, ou Montbuzard, dans un calcaire compact, passant latéralement aux marnes de l'Orléanais. C'est à la base de ces marnes que l'abbé Bourgeois, de célèbre mémoire, a découvert, dès 1867, un très intéressant gisement de coquilles fossiles parmi lesquelles la *Melania aquitanica*. C'est celui de Suèvres, entre Mer et Blois. Cet étage langhien existe aussi dans la Limagne. A Gergovia, ce sont des marnes remplies de *Melania aquitanica*, de *Melanopsis Hericarti* et d'*Unios*, etc. Ces coquilles ont été signalées depuis longtemps par M. Bouillet, qui les avait faussement assimilées à *Melania inquinata* et *Melanopsis buccinoidea* de l'Eocène inférieur, et qui les considérait également à tort comme ayant vécu dans un lac détruit par la sortie du basalte de Gergovia. Ce sont des coquilles exclusivement fluviatiles, qui témoignent par leur présence de l'exhaussement définitif de la Limagne, après la disparition du lac Léman, extension dans nos régions du lac de Beauce, au sein duquel s'étaient déposées les couches aquitaniennes.

Cet étage est aussi représenté par un lambeau subsistant au puy de Mur. C'est un dépôt de sables fluviatiles à stratification entrecroisée, de quelques mètres d'épaisseur, et qui se trouve intercalé entre les calcaires à *Helix Ramondi* et à Phryganes et le manteau de basalte qui l'a conservé en le protégeant contre l'érosion.

Voyons maintenant la composition de l'Aquitanien, au midi du Plateau Central, dans l'Agénais et le Bordelais.

L'Aquitanien des environs d'Agen est depuis longtemps classique. Il forme également deux puissantes assises. L'assise inférieure, reposant sur la mollasse tongrienne de l'Agénais, est le calcaire blanc dit de « l'Agénais », équivalent du calcaire de Beauce inférieur, ou du calcaire à Lymnées d'Auvergne. Au-dessus se développe l'assise supérieure ou calcaire gris de l'Agénais, à *Helix Ramondi*. Mais cette dernière assise est intercalée entre deux couches d'argile marine à *Ostræa aginensis*, l'inférieure la séparant du calcaire blanc et la supérieure du calcaire de l'Armagnac, qui se développe surtout dans le Gers, où il renferme deux gîtes fossilifères célèbres : celui de Sansan, à 10 kilomètres au sud d'Auch, qui renferme la même faune que les sables de l'Orléanais, et qui a été illustré par les travaux de Lartet; et celui, plus méridional, de Simorre, qui renferme dans des sables la faune de Montabuzard. Ce calcaire lacustre de l'Armagnac appartient donc à l'étage Langhien, ainsi que les faluns marins de Léognan, qui se déposaient simultanément dans un golfe échancrant à l'ouest le bassin de la Gironde.

Enfin, dans le Bordelais, le calcaire gris d'Agen est remplacé par des faluns coquilliers marins. Ce sont les faluns de Bazas, de Lariey, de Saint-Avit, etc., déposés dans un golfe aquitanien qui a envahi à deux reprises l'Agénais et y a déposé ces argiles ostréennes que nous avons signalées à la base et au sommet du calcaire gris à *Helix Ramondi.*

Ces notions élémentaires rappelées, nous sommes confirmés dans l'attribution des couches à Diatomées du puy de Mur, au niveau supérieur de l'Aquitanien. Ces couches sont synchroniques du calcaire de Beauce supérieur, du calcaire gris d'Agen, des faluns de Bazas.

Voyons maintenant la seconde question :

Où était la mer à cette époque?

Dans le nord et l'ouest du Plateau Central, les terres émergées depuis le retrait de la Mer Tongrienne qui y avait déposé les sables d'Etampes et de Fontainebleau, ne laissent voir aucune trace de son retour pendant la durée de l'Aquitanien. Le calcaire de Beauce, à part le niveau d'Ormoy, vers la base, est franchement lacustre. Ce n'est que dans le Midi que ces traces apparaissent. La mer, en effet, y a pénétré sur trois points : à Bazas, comme nous l'avons vu quelques lignes plus haut; à Fontcaude, près de Montpellier, et à Carry-le-Rouet, près de Marseille.

Faluns de Bazas. — L'Océan pénétrait en golfe dans le bassin de la Gironde et y a laissé de riches dépôts coquilliers. C'est dans leur sein que l'on recueille : *Ostræa aginensis; Pyrula Lainei; Cerithium Serresi; C. bidentatum; Turritella Desmaresti; Arca cordiiformis,* etc.

Marnes bleues de Fontcaude. — A Fontcaude, à quelques kilomètres à l'ouest de Montpellier, affleurent des marnes bleues qui renferment : *Potamides plicatus, Potamides margaritaceus, Id. papaveraceus, Pyrula Lainei,* etc., du même âge que les faluns de Bazas, et qui ont été déposées en ce point, non plus par l'Océan, mais par la Méditerranée aquitanienne.

Carry-le-Rouet. — A Carry-le-Rouet et au cap Couronne, à une faible distance à l'ouest de Marseille, existent également des faluns aquitaniens d'une extraordinaire richesse fossilifère. Ils n'ont pas livré moins de 200 espèces aux recherches de MM. Matheron, Gourret, Fontannes et Depéret, qui les ont successivement étudiés. On distingue dans leur puissante épaisseur trois assises superposées : à la base, des sables et marnes gréseuses à *Pecten subpleuronectes*, reposant sur les couches tongriennes ; au milieu, ce sont des couches saumâtres à *Potamides*, *Cyrènes* et *Corbules*. D'après MM. Fontannes et Depéret, ces deux assises correspondraient à l'Aquitanien inférieur. Enfin, une troisième et dernière assise, correspondant aux faluns de Bazas et au calcaire de Beauce supérieur, est formée par une mollasse jaune et rouge exclusivement marine, renfermant : *Turritella quadriplicata*, *Pyrula Lainei*, *Ostræa aginensis*, *Cytherea undata*, etc., en un mot, toute la faune de Bazas.

Nulle autre part, en France, on ne connaît de dépôts marins aquitaniens. Par conséquent et sans doute possible, c'est d'un de ces trois points qu'a dû partir le bras de mer ou la série de lagunes qui a pénétré jusque dans le cœur du Plateau Central. C'est la dernière question qui reste à examiner.

Quelle direction a suivie le bras de mer partant de l'Océan aquitanien ?

Ce bras de mer venait-il d'Agen, de Fontcaude ou de Carry-le-Rouet ?

Examinons successivement chacun de ces points. Et d'abord, on peut affirmer qu'il ne venait pas d'Agen et que ce n'est point le golfe de Bazas qui a pénétré dans la Limagne. En effet, les argiles marines à *Ostræa aginensis* qui séparent le calcaire blanc de l'Agénais du calcaire gris, ou qui recouvrent le calcaire gris et le séparent du calcaire langhien de l'Armagnac, disparaissent rapidement à une faible distance au nord d'Agen.

D'après M. G. Vasseur (1), « cette argile si fossilifère à

(1) Contribution à l'étude des Terrains tertiaires du Sud-Ouest de la France (1891), page 5.

» Prayssas, passe latéralement à une marne sans fossile, » puis à un calcaire blanc-jaunâtre qui se soude au calcaire » supérieur de l'Agénais pour former les escarpements de » Brios. Plus au nord, à la montée de Saint-Pierre (La- » cène), entre Laugnac et Sainte-Colombe, on peut cons- » tater que toute trace d'argile a disparu ; les deux cal- » caires se confondent en une seule masse où il n'est plus » possible d'établir aucune division.

» Les modifications de facies que je viens d'indiquer ne » sont pas particulières aux environs de Laugnac ; elles se » reproduisent également et d'une façon très constante » dans la région qui s'étend de Laparade (rive droite du » Lot) vers Saint-Antoine, Hautefage et La Roque-Tim- » baut.

» Au nord et à l'est de la partie de l'Agénais devenue » classique en raison des divisions géologiques bien dis- » tinctes qu'elle présente, il existe donc une deuxième » zone très différente de la première, et caractérisée par » la réunion de toutes les assises aquitaniennes en une » seule masse de calcaire d'eau douce ».

Nous avons voulu donner, malgré sa longueur, cette citation de notre savant collègue et ami, parce que ses recherches si minutieuses et si sagaces ont établi le rivage au nord d'Agen, du golfe aquitanien de Bazas. Le bras de mer qui a pénétré dans le Plateau Central n'a pu venir du Sud-Ouest.

Ce bras de mer venait-il de Fontcaude ?

Pas davantage ; il est vrai qu'on ne connaît pas le rivage septentrional du golfe aquitanien de Montpellier, mais il suffit de jeter les yeux sur la Carte géologique de France pour s'assurer qu'un bras de mer, se dirigeant de Fontcaude vers le Plateau Central, aurait dû passer par Sommières et Alais, où l'Aquitanien est largement représenté. Or, d'après les belles études de M. Fontannes (1), dans le

(1) Le groupe d'Aix dans le Dauphiné, la Provence et le Bas-Languedoc (1885).

bassin de Sommières les calcaires à *Helix Ramondi* n'offrent rien de saumâtre. Il en est de même dans la région d'Alais et de Barjac, en un mot dans tout le Gard et l'Ardèche méridionale.

L'Aquitanien exclusivement terrestre ou lacustre de ce bassin est formé à la base : de 20 à 25 mètres d'argile grise ou rougeâtre, de couches ligniteuses et des couches de Salindres à *Accrotherium incisivum* et *Cyclostoma antiquum*. Ces argiles sont surmontées par 70 à 80 mètres de conglomérats à éléments calcaires, d'argile sableuse, bariolée, et du grès mollassique d'Alais à *Chamœrops Dumasi*.

Ainsi, rien de marin, et il faut chercher ailleurs.

Reste enfin le golfe de Carry-le-Rouet. Ce golfe ne pénétrait pas dans l'intérieur du bassin du Rhône et ses rivages se confondaient pour ainsi dire avec le rivage actuel de la Méditerranée en ce point. Mais si la mer n'allait pas plus loin, il faut ajouter que la vallée du Rhône formait à cette époque une terre basse, mal protégée par un fragile cordon de dunes contre les empiètements de la Méditerranée, et maintenue sous sa dépendance. Ce sont, en effet, les belles et récentes études du regretté Fontannes qui nous ont révélé que, depuis Marseille jusqu'à Lausanne, la vallée aquitanienne du Rhône a été soumise à un régime sinon franchement marin, du moins nettement saumâtre.

L'étage aquitanien fait défaut dans le Haut-Comtat, mais en revanche il est très développé dans la Provence et le Dauphiné. Il existe aussi une autre lacune plus au nord, qui va du bassin de Crest à la Suisse; mais tous les bassins où les couches de cet horizon sont visibles et accessibles à l'étude ont offert un caractère lagunaire et saumâtre démontré par l'abondance des Potamides, des Cyrènes et des Hydrobies associés à l'*Helix Ramondi*, à la *Lymnœa pachygaster* et à d'autres mollusques terrestres ou d'eau douce.

Les principaux bassins ou lambeaux dispersés sur cette

vaste étendue, à partir de Carry-le-Rouet, sont ceux d'Aix, d'Apt et Manosque en Provence, et ceux de la Garde-Adhémar, de Valaurie, de Réauville et de Crest, dans le Dauphiné. Dans les bassins de Provence dominent le *Potamides microstoma* et l'*Hydrobia Dubuissoni*, fossiles éminemment saumâtres, associés à *Neritina aquensis*, *Helix Ramondi* et *Lymnœa pachygaster*.

Il en est ainsi à Aix, à Pertuis, à Manosque.

Dans les bassins du Dauphiné, c'est le *Potamides Granensis*, très voisin du *margaritaceus*, qui domine au contraire.

Il en est ainsi à la Garde-Adhémar, à Valaurie, à Réauville et dans le bassin du Crest, dans la Drôme ; et dans toutes ces localités, ce *Potamides Granensis* est associé à *Helix Ramondi* et autres fossiles de l'Aquitanien supérieur.

Il en est de même en Suisse.

On sait que la mer Tongrienne, venant du Nord, a pénétré par la vallée du Rhin jusqu'en Suisse, établissant ses rivages entre Bâle et Berne. Les dépôts aquitaniens qui succèdent ont été subdivisés, par les géologues de ce pays, en trois assises superposées dont l'ensemble est connu sous le nom de « Mollasse d'eau douce inférieure ». L'assise inférieure est constituée par le grès de Rallingen, sur les bords du lac de Thoune ; l'assise moyenne est une mollasse à *Helix rugulosa ;* l'assise supérieure est une mollasse lignitifère et gypsifère. Cette dernière, près de Lausanne, renferme des Néritines, *Helix Ramondi*, *Planorbis solidus*, *Lymnœa subovata*, *Anthracotherium*, etc. Mais à Monod et à Rivaz, dans le canton de Vaud, aux Hohe-Rhonen, la mollasse à lignite renferme des coquilles saumâtres telles que des Cyrènes et des Mélanopsides.

Ainsi, en résumé, l'Aquitanien n'est saumâtre que dans l'Est et le Sud-Est de la France, de Marseille au canton de Vaud, c'est-à-dire dans toute la région comprise entre le Plateau Central et les Alpes qui, à cette époque, n'existaient pas encore. Il est donc probable que nos formations saumâtres, n'ayant jamais eu de relations avec la mer d'Agen ou de Montpellier, sont une dépendance des dépôts lagunaires de la région du Rhône et doivent en être considérés comme l'extension dans notre pays.

Je suis persuadé que cette origine s'imposera, au moins dans l'état actuel de la science.

Mais il reste une autre question à se poser, une dernière enquête à faire.

Comment la mer a-t-elle pu pénétrer dans le cœur du Plateau Central, protégé qu'il était contre son invasion par le double barrage des montagnes du Lyonnais et du Vivarais et par celles du Forez?

C'est à cette dernière question, mon cher et savant Confrère, que je dois vous répondre et que je dois vous montrer très succinctement la possibilité de cette intervention.

Le Plateau Central, tel qu'il se développe aujourd'hui sous nos yeux avec ses chaînes de montagnes, ses volcans élevés, ses vallées profondes, n'existait pas à l'époque oligocène; la notion de bassins lacustres disséminés à la surface de ce Plateau, sans liaison entre eux, enfermés de toute part entre des rivages, le plus souvent escarpés et en falaises, a disparu de la science depuis une douzaine d'années. J'ai démontré, le premier, que les soi-disant bassins tertiaires de la France centrale n'étaient que des plis synclinaux, restes épars d'une formation plus étendue qui couvrait jadis la majeure partie de cette belle région, le reste ayant été enlevé par dénudation.

Vous pouvez vous reporter pour l'examen architectonique de nos bassins à l'étude que j'ai publiée dans l'Annuaire du Club alpin français pour 1880, sous le titre : « La Limagne et les bassins tertiaires du Plateau Central, structure géologique, architecture, climat, faune et flore », accompagnée de trois coupes géologiques. Cette étude démontrait nettement le plissement qui a amené la séparation du bassin de la Limagne de celui d'Issoire, d'une part, et le grand plissement de la Limagne elle-même, conséquence de la formation des Alpes et du Jura, à la fin de l'époque miocène.

Et je terminais ainsi (1) :

« Je ne puis m'empêcher de voir dans ces deux vallées » de la Loire et de l'Allier deux immenses plis concaves » séparés et limités à l'Ouest et à l'Est, par des plis con- » vexes dont le plus oriental forme la chaîne des Cé- » vennes; le pli central, le Forez; le plateau du Puy-de- » Dôme le pli occidental, et synchroniques de la forma- » tion des Alpes.

» Cette conception qui nous représente la structure du » Plateau Central sous un jour bien différent de celui sous » lequel on est habitué à le voir, est nouvelle à coup sûr » dans la science; l'avenir en démontrera, je l'espère, le » bien fondé. »

Cet avenir est arrivé, ces vues nouvelles résultant des coupes que j'avais établies dans la Limagne ont subi l'épreuve du contrôle et sont entrées définitivement dans le domaine de la science. Mes recherches ont été continuées dans ce sens par M. Michel Lévy, dans le Lyonnais et le Beaujolais, et les résultats auxquels ce savant est arrivé n'ont fait que confirmer et étendre les miens propres (2).

Votre découverte de couches à Diatomées marines dans notre Aquitanien en est une nouvelle et éclatante confirmation. A cette époque, le Plateau Central offrait une vaste étendue de terres basses, sans reliefs élevés, sans chaînes de montagnes ni volcans dont l'activité intimement liée aux phénomènes orogéniques qui ont amené la création des Alpes, ne s'est produite que plus tard. La moindre oscillation mettait nos régions du Centre en communication facile avec le reste de la France; c'est ainsi qu'au début du dépôt de nos arkoses tongriennes, le lac de Reignat et

(1) Annuaire du Club alpin (1880), page 470.
(2) B. S. G. F. 3e série, t. XVI.

de Montaigut-le-Blanc était en relation avec l'Ardèche et le Gard; les mêmes mollusques, tels que *Striatella Barjacensis*, *Nystia Duchasteli*, etc., pullulent dans les deux stations et, comme ce sont des coquilles saumâtres, les lagunes du Midi de la France pénétraient, en conséquence, jusque dans le bassin d'Issoire.

A une époque plus récente, à la base de l'Aquitanien, une nouvelle traînée de lagunes saumâtres se poursuivait depuis les environs d'Etampes et d'Ormoy jusqu'au delà du Cantal. Ce sont les couches à *Potamides Lamarcki* et *Hydrobia Dubuissoni* qui se continuent sur cette vaste étendue sans autres interruptions que celles produites par les érosions. Il n'est donc pas, en définitive, surprenant que le même fait se soit reproduit pour la troisième fois pendant l'Aquitanien supérieur, à l'époque de l'*Helix Ramondi*, et il paraît bien, par la discussion qui précède, que l'invasion s'est faite par l'Est ou le Sud-Est. Voici un dernier argument. Au-dessus des couches saumâtres à *Potamides granensis* et *Helix Ramondi* du bassin de Crest, au sud de Valence, existe à Autichamp une marne tourbeuse à *Melanopsis Hericarti*. C'est une marne langhienne qui correspond soit aux marnes à *Mélanies* et *Melanopsis* de Gergovia, soit aux sables fluviatiles du même âge du puy de Mur. Les deux coupes faites dans les deux pays sont donc identiques. Or, en étudiant avec la plus grande attention les spécimens de *Melanopsis* que je possède de Gergovia, et les comparant aux figures de *M. Hericarti* publiées par Fontannes, qui a créé l'espèce, il m'est impossible de saisir la moindre différence. Ainsi, l'identité de nos couches du puy de Mur avec celles du Valentinois se poursuit de l'Aquitanien supérieur au Langhien inclusivement. L'identité des deux Melanopsides indique, en effet, entre les deux régions, des relations qui viennent confirmer celles que je crois avoir démontrées pour l'Aquitanien supérieur.

Il me reste, cher et savant Confrère, après cette consultation un peu longue peut-être, à vous féliciter de votre belle découverte et à inviter tous les amateurs de géologie de notre beau pays d'Auvergne à se lancer dans la carrière à votre suite et à poursuivre l'extension de cette curieuse et intéressante enclave d'origine saumâtre dans les collines de la Limagne, partout où existe l'horizon de l'*Helix Ramondi*. Mais ce ne sont pas les Diatomées seules qu'il faut y découvrir. Il faut aussi rechercher les coquilles telles que les Potamides et les Cyrènes qui caractérisent les formations de cette nature et dont les géologues sont plus habitués à se servir que des microscopiques algues à test siliceux dont vous poursuivez du reste l'étude avec tant de zèle et de vraie science.

Votre très dévoué Confrère,

P.-A. JULIEN,

Professeur de Géologie et de Minéralogie
à la Faculté des Sciences de Clermont-Ferrand.

NOTE ADDITIONNELLE.

Pendant l'impression des lignes qui précèdent, mon appel a été entendu. M. Jean Giraud, préparateur de Géologie à la Faculté des Sciences, est allé, le 18 juin, au puy de Mur pour visiter les couches à Diatomées marines, et il a été assez heureux pour découvrir, ce même jour, non-seulement des Hydrobies, *innombrables et certainement connues sous un autre nom de nos devanciers, MM. Lecoq et Bouillet, par exemple, mais encore des* Cyrènes, *qui n'y ont jamais été signalées. M. J. Giraud a eu l'obligeance de me montrer, ainsi qu'au Frère Héribaud, ces fossiles qui ont été déposés par lui dans les collections géologiques de la Faculté des Sciences.*

A. JULIEN.

DÉPOT D'AUXILLAC

PRÈS DE MURAT (CANTAL).

Le dépôt lacustre d'Auxillac, d'après les renseignements que je dois à l'amabilité de M. Bouhard et à mes confrères de Murat, paraît avoir une épaisseur d'une douzaine de mètres et plusieurs hectares d'étendue.

Ce vaste dépôt, situé à une altitude de 1,100 mètres environ et à 1,500 mètres du village d'Auxillac, est connu dans le pays sous le nom de *Terre-Blanche*, dénomination de la propriété à laquelle il appartient.

A certains endroits, les couches sont traversées par des bancs d'humus mélangés de cailloux basaltiques; sur d'autres points, on trouve des bancs composés de petits fragments de basalte qui paraissent avoir été roulés.

Il est évident que les Diatomées se sont développées dans un ancien lac et dans des conditions particulièrement favorables à leur multiplication, ainsi que le témoignent l'étendue et l'épaisseur du dépôt.

Les éruptions volcaniques, survenues après sa formation, ont dû, en changeant la configuration du sol, dessécher le lac et faire jaillir, à une petite distance de là, les sources qui l'alimentaient, comme le prouvent les terrains tourbeux et très humides qu'on remarque le long de la route de Murat à Auxillac.

C'est à M. Marcelin Boule, docteur ès-sciences naturelles et attaché au Muséum, que je suis redevable du premier échantillon de ce beau gisement, échantillon qu'il avait reçu lui-même de M. Bouhard.

Je dois aussi, à M. Bouhard, plusieurs envois pris sur les principaux points de la surface et à différentes profondeurs.

Les matériaux nombreux et variés que j'ai reçus, m'ont permis de constater que ce gisement est extrêmement variable, suivant la profondeur. C'est ainsi qu'un échantillon pris à 5 mètres, s'est trouvé presque exclusivement formé par le *Melosira canalifera* J. Br. et F. Hérib. *nov.*

Un autre, provenant d'une profondeur de 7 mètres, ne contient guère que le *Cyclotella Iris* J. Br. et F. Hérib. *nov.*

Ailleurs, les fragments observés comprennent un mélange confus d'un assez grand nombre d'espèces.

Aussi, le diatomiste qui se bornerait à l'examen d'un seul échantillon, n'aurait qu'une idée très incomplète de la richesse du gisement.

Voici la liste des Diatomées d'Auxillac, dressée d'après l'observation d'une vingtaine de slides, faits avec des matériaux pris sur les principaux points, et dont douze ont été examinés par M. le professeur J. Brun :

Cocconeis Pediculus Ehrb., page 43.

— — var. **rotunda** J. Br. et F. Hérib. *nov.* (1).

Se distingue du type par sa forme presque circulaire.

Cocconeis Placentula forma **minor** J. Br. et F. Hérib. *nov.*

Comparées à celles du type, les dimensions de cette forme sont extrêmement réduites.

Cocconeis trilineatus M. Perag. et F. Hérib., page 47.

(1) Les espèces et variétés imprimées en caractères gras sont nouvelles ou particulières au dépôt d'Auxillac.

Cocconeis speciosa Greg. var., page 46.
Achnanthes lanceolata Grun. var. **elliptica** Cl. (Diat. Find. pl. 3, fig. 10. — 1892).
Rhoicosphenia curvata Grun., page 51.
Gomphonema capitatum Ehrb., page 53.
— *subclavatum* Grun., page 55.
— *olivaceum* Ehrb., page 61.
— *intricatum* var. **dichotoma** Grun. (V. H. S. pl. 24, fig. 30 et 31).

Gomph. cantalicum J. Br. et F. Hérib. *nov.* (Pl. VI, fig. 11, 12 et 13).

Valve lancéolée, en forme de massue très allongée. Stries granulées, très faiblement convergentes vers le centre; au nombre de 10 en 10μ. Une longue ligne de démarcation dans l'épaisseur des stries les coupe en deux sur chaque côté de la valve. Longueur 160 à 225μ. Largeur moyenne 32μ. Les crochets du point d'attache du pédicelle, vus du côté connectif, sont toujours assez distants l'un de l'autre (fig. 11. *d*).

Notre espèce n'a de rapport qu'avec le *Gomph. Herculanum* Grun. (V. H. S. pl. 23, fig. 2), d'origine américaine, mais celui-ci est plus petit, plus ventru; le large bout porte un fort épaississement de la silice, et les deux crochets du point d'attache du pédicelle, vus du côté connectif, adhèrent l'un à l'autre; l'area du nodule terminal y est canaliforme et s'atténue en pointe à la marge; enfin, les stries sont plus serrées, soit 12 à 16 en 10μ.

Assez commun dans les couches inférieures.

Var. **costalonga** J. Br. et F. Hérib. *nov.* (Pl. VI, fig. 13).

Diffère du type par la ligne de démarcation coupant les stries, qui est beaucoup plus visible, et par une très légère courbure des deux extrémités de la valve, ce qui lui donne l'aspect d'un *Cymbella*.

Forma **major** J. Br. et F. Hérib. *nov.* (Pl. VI, fig. 12).

Ne s'éloigne du type que par sa plus grande longueur, laquelle peut atteindre jusqu'à 230μ.

Amphora ovalis Ktz., page 62.

— *Pediculus* Grun., page 63.

Cymbella leptoceras Ktz. forma **curta** (V. H. S. pl. 3, fig. 24).

— *alpina* Grun. forma **minor** J. Br. et F. Hérib. *nov.*

Variation du type plus petite encore que celle de la figure 44, de l'Atlas de Ad. Schmidt, planche 71.

Cymbella gastroides Ktz., page 68.

— *lanceolata* Ehrb., page 68.

— *aspera* Ehrb., page 69.

— *cymbiformis* Ehrb., page 69.

— *Cistula* Hempr., page 70.

Cymb. conifera J. Br. et F. Hérib. *nov.* (Pl. VI, fig. 7).

Face valvaire trapue, à extrémités larges, même quelquefois dilatées, toujours coniques, obtuses. Le nodule terminal est enveloppé d'une petite sphère hyaline superposée au cône. Longueur de la valve 40 à 50μ. Largeur 15 à 18μ. Stries fortes, granulées, rectilignes, convergeant très peu vers le centre; au nombre de 10 en 10μ à la région dorsale. Silice très épaisse. Espèce bien distincte.

Ce petit *Cymbella* se distingue facilement des espèces connues; il n'a guère d'analogie qu'avec le *Cymb. sinuata* Greg. (Diat. d'eaux douces d'Angleterre. M. J. Pl. 1, fig. 17. — 1856). Le *Cymb. Schmidtii* Grun. (A. S. Atl. pl. 9, fig. 48) et le *Cymbella*, sans nom, de A. Sch. Atl. pl. 9, fig. 14, sont des espèces affines.

Assez fréquent dans les couches inférieures et supérieures; paraît nul ou très rare dans la région moyenne.

Cymb. Bouleana F. Hérib. et J. Br. *nov.* (Pl. VI, fig. 14).

Cette espèce appartient au groupe très varié des *Cymbiformis ;* elle se distingue par ses terminaisons tronquées et hyalines au delà des nodules terminaux. Ceux-ci sont en forme d'oriflamme et sont courbés presque à angle droit dans le sens de la région dorsale. Longueur 60 à 75μ. La valve est plus large et la courbure générale du frustule est plus prononcée que dans le *Cymb. cymbiformis ;* au-dessous du nodule central, on constate quelquefois un rudiment de ponctuation identique à celle qu'offre le *Cymb. Cistula.* Notre *Cymb. Bouleana* peut donc être considéré comme intermédiaire entre les deux espèces précitées.

Assez commun dans les couches inférieures du dépôt.

Cette Diatomée est dédiée à M. Marcelin Boule, en reconnaissance des matériaux d'étude qu'il a eu l'amabilité de me procurer.

Encyonema prostratum Ralfs, page 72.
— *turgidum* Grun., page 73.
Stauroneis Phœnicenteron Ehrb., page 75.
Navicula major Ktz., page 83.
— *nodosa* Ktz., page 96.
— *Hitchcockii* Ehrb. (A. S. Atl. pl. 49, fig. 35 et 36).
— *Menisculus* Schum. (V. H. S. pl. 8, fig. 20).
— *Heufleri* Grun., page 98.
— *radiosa* Ktz., page 19.
— *Reinhardtii* Grun. = *Nav. vernalis* Donk., page 102.
— *Placentula* Ehrb., page 102.
— *dicephala* W. Sm., page 103.
— *elliptica* Ktz., page 104.
— — var. *oblongella* Næg., page 104.
— *limosa* Ktz., page 111.
— *ventricosa* Donk. (V. H. S. pl. 12, fig. 24).
— — forma *minuta* Grun., page 113.
— *perpusilla* Grun., page 121.
Epithemia turgida Ktz., page 124.

Epithemia turgida var. *granulata* Grun., page 125,
— *Hyndmanii* W. Sm., page 125.
— *Sorex* Ktz., page 126.
— *gibba* Ehrb., page 126.
— — var. *parallela* Grun., page 126.
— *Argus* Ktz., page 127.
— *Zebra* var. *proboscidea* Grun., page 128.
Eunotia polyglyphis Grun., page 134.
— *lunaris* Grun., page 135.
Synedra Ulna Ehrb., page 137.
— *Acus* Grun., page 140.
— — var. *fossilis* Grun., page 140.
— — var. **subtilis** Ktz. (V. H. S. pl. 41, fig. 18).
— — var. **ventricosa** J. Br. et F. Hérib. *nov.* (Pl. VI, fig. 6).

Diffère du type et de la variété *fossilis* du dépôt de Ceyssat, par sa région médiane plus ou moins turgide et ventrue.

Abonde dans les couches supérieures et légères du dépôt.

Synedra delicatissima W. Sm., page 140.
— — var. *mesoleia* Grun., page 140.
— — var. *angustissima* Grun., p. 140.
— *rumpens* Grun., page 141.
— *Vaucheriæ* Ktz., page 141.
— — var. *parvula* Ktz., page 141.
— **capitellata** Grun. (V. H. S. pl. 40, fig. 26).
— **Crotonensis** Edw. (V. H. S. pl. 40, fig. 10).
— **hyperborea** Grun. (Fr. Jos. Land. pl. 1, fig. 25.)
Fragilaria construens var. *pumila* Grun., page 143.
— *binodis* Ehrb., page 144.
— *Harrisonii* Grun., page 145.
— *elliptica* Schum., page 145.
— *brevistriata* Grun., page 146.

Fragilaria brevistriata var. *laponica* Grun., page 146.
— — var. *subacuta* V. H., page 147.
— — var. *Mormorum* Grun., p. 147.
Tetracyclus ellipticus (Ehrb). M. Perag., page 159.

Tetr. tripartitus J. Br. et F. Hérib. *nov.* (Pl. VI, fig. 5).

Face valvaire (fig. *a*) bacillaire, trimamelonnée. Extrémités coniques, arrondies. Côtes fortes, distantes, transversales ou irrégulièrement interrompues. Longueur 70 à 110μ. Largeur moyenne 20μ. Face connective (fig. *b*) à surface pruinée. Divisions longitudinales rubanées, à plissures très légères. Côtes internes peu capitulées et se terminant par des nervures (plissures) diffuses qui s'écartent en forme de balai, comme c'est le cas aussi pour le *Tetracyclus ellipticus* Ehrb. Flanc externe rectiligne, à grosses perles rondes ou plus ou moins carrées, correspondant aux côtes de la face valvaire. Silice forte et résistante.

Cette curieuse et grande espèce établit une transition entre les genres *Tetracyclus* et le *Rhabdonema Torelli* Clève (Mer arct. pl. 4, fig. 20, *a. b. c.*), dont elle a la forme, et montre combien ces deux genres sont rapprochés.

Se trouve çà et là dans la partie lourde du dépôt, mêlé aux *Cymbella* et aux *Epithemia*. Grâce à la solidité de la carapace, les exemplaires sont presque toujours entiers.

Cymatopleura Solea Bréb., page 161.
Nitzschia fossilis Grun., page 173.
— *acutiuscula* Grun., page 173.

Nitz. ignimontana J. Br. et F. Hérib. *nov.* (Pl. VI, fig. 10).

Face valvaire dilatée dans la région médiane (*a*). Extrémités très allongées; tantôt rectilignes, tantôt courbées comme dans le *Nitzschiella longissima* W. Sm. forma *reversa* (V. H. S. pl. 70, fig. 4 et W. Sm. pl. 15, fig. 121). Silice hyaline, délicate. Stries très fines, nettes, au nombre de 17 à 18 en 10µ, sans ondulations dans le sens longitudinal (*a* et *b*). Longueur 65 à 100µ. — Certains exemplaires rappellent le *Hantzschia Weyprechtii*, tel que l'a dessiné Grunow (Fr. Jos. Land pl. 1, fig. 60).

Cette petite espèce est fréquente dans les couches inférieures et supérieures, mais rarement en exemplaires entiers. Elle y est mêlée aux *Nitz. fossilis* et *acutiuscula* Grun. qui ne s'y rencontrent qu'en exemplaires isolés. Elle est nulle ou très rare dans les couches moyennes où les petits *Synedra* abondent.

Surirella robusta Ehrb., page 180.
— *saxonica* Auersw., page 176.
— *biseriata* Bréb., page 177.
Melosira granulata Ktz., page 186.
— *varennarum* M. Perag. et F. Hérib., p. 189.
— *tenuis* Ktz., page 188.

Melos. canalifera J. Br. et F. Hérib. (Pl. VI, fig. 15). Diamètre de la face valvaire 25 à 35µ. La bordure montre intérieurement de larges canaux courts et diversement incurvés (fig. *a*, valve vue en dessous) et la surface porte de grosses perles de dimensions variables et irrégulièrement placées, comme chez le *Melos. sulcata* Ehrb. (fig. *b*, valve vue en dessus). Tout le centre est lisse, pruiné ou vaguement granulé. Vu du côté connectif (fig. *c*), l'aspect est celui d'un *Melos. granulata* trapu et à très grosses perles. Silice robuste et très épaisse.

Abonde dans les couches moyennes du dépôt dont il constitue à certains endroits presque toute la masse.

Cyclotella Meneghiniana Ktz., page 192.
— — var. **rectangulata** Grun. (V. H. S. pl. 94, fig. 17 et 18).
— *comta* Ehrb., page 191.

Cyclot. Iris J. Br. et F. Hérib. *nov.* (Pl. VI, fig. 1 à 4).

Face valvaire à flancs abaissés. Bordures marginales faiblement en relief. La région comprise à l'intérieur des cercles marginaux offre deux bosselures, l'une en creux, l'autre en relief (voir la zone connective, fig. 3). Stries ondulées, dichotomes, inégales, atteignant rarement le centre, laissant ordinairement le tiers ou la moitié du diamètre lisse ou recouvert d'une ponctuation éparse, inégale et confuse. On observe (surtout à sec), sur la bordure intramarginale, des rudiments d'épines. Le diamètre varie entre 35 et 45μ.

Cette forme typique et ronde (fig. 1) est celle qui se rapproche le plus des autres *Cyclotella*. Elle est la moins répandue dans la masse du dépôt.

La forme ovalo-conique, var. **ovalis** (fig. 2), et la forme elliptico-conique var. **cocconeiformis** (fig. 4) y sont beaucoup plus abondantes; cette dernière variété est aussi beaucoup plus petite (diamètre moyen 16μ); la variété ovale est de grandeur intermédiaire (diamètre moyen 25μ). Silice épaisse et résistante.

Cette espèce fossile, qui semble avoir disparu dans les eaux douces de la période géologique actuelle, constitue, à elle seule, presque toute la couche moyenne; mais elle se retrouve aussi dans les autres assises de ce remarquable dépôt. Elle semble y avoir joué le même rôle que le *Melosira Heribaudi* a dû jouer dans les lagunes qui ont donné le dépôt du puy de Mur. — C'est un rôle identique que joue encore de nos jours le *Melosira crenulata* Ktz., qui vit pélagique dans nos lacs montdoriens et qui constitue souvent plus des 9/10 de la vase de leur fond, ainsi que j'ai pu le constater dans le produit d'un sondage fait au lac Pavin par MM. Ch. Bruyant et P. Gautier. Le *Cyclotella comta* Ehrb. joue un rôle analogue dans les lacs alpins; d'après les observations de M. le professeur J. Brun, les 11/12 de la vase de quelques lacs sont formés par des carapaces de ce *Cyclotella*.

Remarquons aussi que notre *Cyclotella Iris* fait transition avec certains *Coscinodiscus* (*Cosc. capensis* et *lacustris* Grun. Fr. Jos. Land Pl. IV, fig. 29 à 31) qui, eux aussi, portent une double bosselure et ont également leurs stries dichotomes et des épines intramarginales.

Coscinodiscus chambonis M. Perag. et F. Hérib., p. 195.

— *pygmaeus* var. **crassipunctata** J. Br. et F. Hérib. *nov.*

Diffère du type par les perles beaucoup plus grosses.

En résumé, la florule du riche dépôt d'Auxillac comprend 98 espèces ou variétés, dont une vingtaine sont inédites ou nouvelles pour la flore française.

Malgré ce résultat, déjà satisfaisant, il est bien probable que ce vaste gisement contient d'autres espèces en exemplaires disséminés.

Sous le rapport des applications industrielles, le dépôt d'Auxillac, en raison de sa pureté et surtout à cause des espèces à valves entières et très épaisses qu'il contient, appartenant aux genres *Cymbella*, *Epithemia*, *Navicula*, *Melosira*, *Cyclotella* et *Coscinodiscus*, est bien supérieur à tous les autres dépôts lacustres connus, y compris ceux de provenance allemande pour la fabrication de la dynamyte, ainsi que j'ai pu m'en convaincre par l'examen comparatif d'échantillons nombreux.

DÉPOT DE NEUSSARGUES

(CANTAL).

Le dépôt tertiaire de Neussargues, découvert récemment par M. Bouhard, affecte la forme d'un filon de 60 centimètres d'épaisseur, avec une inclinaison de 15 degrés environ vers le Sud-Ouest.

Voici, d'après l'observation d'une douzaine de slides, la liste des espèces qu'il contient :

Cocconeis Pediculus Ehrb., page 43.
— *Placentula* Ehrb., page 44.
— *lineata* Grun., page 44.

Obs. — On trouve aussi, çà et là, un *Cocconeis* muni de côtes granulées, ce qui lui donne l'aspect de la fig. 7, pl. 30 du *Synopsis* de Van Heurck, mais l'espace central hyalin est moins large ; de plus, on constate une demi-côte de part et d'autre de la côte médiane. — Cette forme, probablement inédite, exige de nouvelles recherches, les exemplaires observés étant trop corrodés pour pouvoir être décrits complètement.

Rhoicosphenia curvata Grun., page 51.
Gomphonema capitatum forma *curta* V. H., page 53.
Amphora ovalis Ktz., page 62.
— *affinis* Ktz., page 63.
— *Pediculus* Grun., page 63.

Cymbella leptoceras Ktz., page 66.
— *lanceolata* Ehrb., page 68.
— *aspera* Ehrb., page 69.
— *cymbiformis* Ehrb., page 69.
Encyonema prostratum Ralfs, page 72.
Stauroneis Phœnicenteron Ehrb., page 75.
Navicula major Ktz., page 82.
— *viridis* var. *commutata* Grun., page 84.
— *Legumen* forma *vix undulata* V. H., p. 97.
— *radiosa* Ktz., page 99.
— *tenella* Breb., page 100.
— *Reinhardtii* Grun., page 102.
— *Placentula* Ehrb., page 102.
— *elliptica* Ktz. var. *minutissima* Grun., p. 105.
— *Bacillum* Ehrb., page 117.

Nav. Bouhardi F. Hérib. *nov.* = *Nav. cuspidata* Ktz. var.

Conformation générale du *Nav. cuspidata* Ktz., dont il diffère : 1° par les extrémités qui rappellent celles du *Nav. ambigua* Ehrb.; 2° par les nodules centraux plus gros et entourés d'une area plus large; 3° par ses dimensions plus grandes. Longueur 120 à 130μ. Largeur 30 à 40μ. On compte 15 à 16 stries en 10μ. Silice hyaline et délicate.

Cette belle forme, que je dédie à M. Bouhard, en reconnaissance des nombreux matériaux d'étude qu'il a eu la bonté de me communiquer, est assez fréquente dans le dépôt, mais les exemplaires sont plus ou moins corrodés et le plus souvent brisés.

Pleurosigma acuminatum Grun., page 122.
Longueur 160μ. Stries transversales, 20 en 10μ.
Epithemia turgida Ktz., page 124.
— *Sorex* Ktz., page 126.
— *Hyndmanii* W. Sm., page 125.
— *Zebra* var. *proboscidea* Grun., page 128.
Eunotia polyglyphis Grun., page 134.
Synedra Ulna Ehrb., page 137.

Un fragment de valve que je rapporte à l'espèce d'Ehrenberg.

Fragilaria Harrisonii Grun., page 145.

— *mutabilis* Grun., page 145.

— *elliptica* Schum., page 145.

— *brevistriata* Grun., page 146.

Meridion constrictum Ralfs, page 153.

Tetracyclus emarginatus W. Sm., page 158.

— *ellipticus* Ehrb., page 159.

Cymatopleura Solea Bréb., page 161.

Nitzschia sygmoidea W. Sm., page 167.

On compte 30 stries et 6 points en 10µ.

Surirella robusta Ehrb., page 180.

Melosira distans Ehrb., page 185.

— *granulata* Ehrb., page 186.

— *arenaria* Moor., page 186.

Melos. Boulayana M. Perag. *nov.*

« Valves dissemblables ; la supérieure porte à la circonférence une garniture de côtes doubles en forme de plis formés par deux stries ; ces côtes, au nombre de 5 à 6 en 10µ, sont écartées les unes des autres d'environ une largeur de strie ou la moitié de leur épaisseur. La valve inférieure porte une garniture de côtes robustes et écartées les unes des autres d'une distance à peu près égale à la moitié de leur épaisseur ; elles sont couronnées par une perle qui fait suite à la côte et se projette en dehors de la valve, comme un point sur un *i*, de manière à lui donner un aspect crénelé. Sur les deux valves, les côtes s'affaiblissent progressivement et s'évanouissent à environ aux deux tiers du rayon, laissant le centre lisse. A 5 ou 6µ de la circonférence, les stries s'infléchissent et paraissent plus marquées à partir de cette région. Cette courbure des stries fait que le centre n'est pas au niveau des bords.

» Quand les valves sont accolées, les côtes ou les perles de la valve inférieure viennent s'intercaler entre les côtes doubles de la valve supérieure. Diamètre 40 à 55µ. »

Ce *Melosira*, dédié au savant professeur de la Faculté catholique de Lille, M. l'abbé Boulay, a été découvert dans le dépôt de Ranc (Ardèche), par M. M. Peragallo; il est assez fréquent dans celui de Neussargues.

Cyclotella comta Ktz., page 191.

Coscinodiscus nov.?

Forme voisine de la fig. 19, pl. 57, de l'Atlas de Ad. Schmidt.

DÉPOT DE LA BOURBOULE

(PUY-DE-DÔME).

Ce dépôt est relativement pauvre en espèces, à en juger du moins par le seul échantillon qu'il m'a été possible d'examiner; la liste suivante a été dressée d'après l'observation de quatre slides.

Cocconeis lineata Grun., page 44.
Rhoicosphenia curvata Grun., page 51.
Cymbella lanceolata Ehrb., page 61.
Navicula major Ktz., page 82.
— *crassinervia* Bréb., page 111.
— *peregrina* Ehrb., page 100.
Epithemia turgida var. *Vertagus*, page 125.
— *Hyndmanii* W. Sm., page 125.
— *Westermannii* Ktz., page 125.
— *Sorex* Ktz., page 126.
Fragilaria elliptica Schum., page 145.
Melosira granulata Ehrb., page 186.
— *arenaria* Moor., page 186.
— *varennarum* M. Perag. et F. Hérib., page 189.

Cyclotella Temperei M. Perag. et F. Hérib. *nov.* Diamètre 10 à 25μ; stries un peu ondulées, inégales, granulées; striation analogue à celle du *Cladogramma* *cebuense* Grun. (V. H. S. pl. 83 *bis*, fig. 20). Marge munie d'une rangée de perles; espace central parfois presque nul, et sablé de granules peu visibles. Très fréquent; c'est l'espèce caractéristique du dépôt.

Ce *Cyclotella* est dédié à M. J. Tempère, fondateur et directeur du journal *Le Diatomiste.*

J'ai trouvé aussi un exemplaire de ce *Cyclotella* dans le dépôt précédent, mais il est probable qu'il y est accidentel.

A titre de documents, concernant les Diatomées fossiles du Plateau Central, je crois utile de donner, dans le tableau suivant, les espèces trouvées dans quelques gisements de l'Ardèche et de la Haute-Loire.

DIATOMÉES FOSSILES

DE L'ARDÈCHE ET DE LA HAUTE-LOIRE.

	ARDÈCHE			HAUTE-LOIRE		
	Le Ranc	Charay	Pourchères	Ceyssac	Le Monastier	La Roche-Lambert
Cocconeis lineata var. *euglypta*	×	×	×			
— *californica* var. *subcontinua* et *Placentula*		×				
— *scutellum* var. *minutissima* M. Perag. *nov.*	×					
Achnanthes lanceolata var. *ovalis* M. Perag. *nov.*	×					
Rhoicosphenia curvata	×					
Gomphonema abbreviatum var. *acuminata* M. Perag. *nov.*	×					
— *montanum*, *insigne* et *subclavatum*			×			
Cymbella Ehrenbergii				×	×	×
— *lanceolata*				×		×
— *affinis* Ktz. et *tumidula*					×	
— *gastroides*			×		×	
— *parva*, *maculata*, *Cistula*, *alpina*			×			
— *helvetica*, *delicatula* et *gibba*	×					
Encyonema lunula			×			
Stauroneis Phœnicenteron et *acuta*				×		×
Navicula major			×	×	×	×
— *nobilis*				×		×
— *peregrina*, *Smithii* et *Tabellaria*				×		×
— *Placentula*				×	×	
— *viridis*	×			×		×
— *elliptica* var. *minuta*	×					
— *gastroides* var. *elliptica* M. Perag. *nov*			×			
— *scutelloides* et *ovata* M. Perag. *nov*	×					
— *radiosa* et *Menisculus* var. *upsalensis*	×					
Pleurosigma Brebissonii et *acuminatum* var. *curta* M. Perag. *nov*	×		×			
Epithemia Westermannii	×					
— *Hyndmanii*	×	×	×	×		×
— *turgida* et sa var. *granulata*			×	×		×
— *Sorex*, *Zebra* et sa var. *proboscidea*	×	×		×	×	×
— *Argus*		×				
— *Ocellata*, *gibberula* et sa var. *producta*	×					
— *fenestrata* M. Perag. *nov*	×					
Eunotia Arcus	×					
— *polyglyphis* var. *pentaglyphis*			×			
Synedra Ulna	×	×				
— *capitata*		×				
Fragilaria mutabilis					×	
— *virescens*, *laponica*, *brevistriata* var	×					
— *costata* M. Perag. *nov*	×					
Tetracyclus emarginatus Ehrb				×		×
Cymatopleura elliptica				×		×
— *hybernica* et *spiralis* Kain				×		
Surirella biseriata, *elegans* et *robusta*				×		×
— *tortuata* Temp. *nov.*				×		
— *turgida*			×			
Campylodiscus costatus				×		×
Terpsinoe americana var. *trigona* Grun				×		
Melosira arenaria et *granulata*			×	×		×
— *tenuis*					×	×
— *Jurgensii*					×	
— *tenuissima*		×				
— *nivalis*, *undulata* et *Boulayana* M. Perag	×					
Cyclotella comta		×		×	×	×
— *striata* var. et *Meneghiniana*	×					
— *stelligera*	×					
Stephanodiscus Astræa				×		×
Coscinodiscus Boulei H. Perag. *nov*					×	

Obs. — *Cocconeis scutellum* var.; *Navicula ovata*; *Pleurosigma Brebissonii*; *Epithemia fenestrata*; *Fragilaria costata*; *Cymatopleura spiralis*; *Surirella tortuata*; *Terpsinoe americana* var.; *Melosira Jurgensii* et *Coscinodiscus Boulei*, n'ont pas été trouvés dans les dépôts d'Auvergne.

PLANCHES.

PLANCHE I.

—

Fig.

1. *Peronia Heribaudi* J. Br. et M. Perag.
   b, *c*, valves d'un même frustule.
2. *Fragilaria construens* Grun. var. *capitata* J. Br. et F. Hérib.
   a, face connective.
3. *Cocconeis Rouxii* F. Hérib. et J. Br.
   c, valve supérieure.
   d, valve inférieure.
4. *Achnanthes Peragalli* J. Br. et F. Hérib.
5. *Eunotia Arcus* Ehrb. var. *plicata* J. Br. et F. Hérib.
6. *Nitzschia socialis* Greg. var. *basaltica* J. Br. et F. Hérib.
   a, terminaison dessinée à $\frac{1000}{1}$.
7. *Surirella Bruni* F. Hérib.
   d, terminaison dessinée à $\frac{1000}{1}$.
8. *Fragilaria pacifica* Grun. var. *trigona* J. Br. et F. Hérib.
   b, frustules groupés.
9. *Coscinodiscus pygmæus* M. Perag. et J. Br.
10. *Surirella striatula* Turp. var. *Gautieri* F. Hérib. et J. Br.
11. *Nitzschia panduriformis* Greg. var. *lucida* J. Br. et F. Hérib.
12. *Rouxia Peragalli* J. Br. et F. Hérib. dessiné à $\frac{1000}{1}$.
    b, face connective.
    c, forme d'Abokiri.

Grossissement $\frac{600}{1}$.

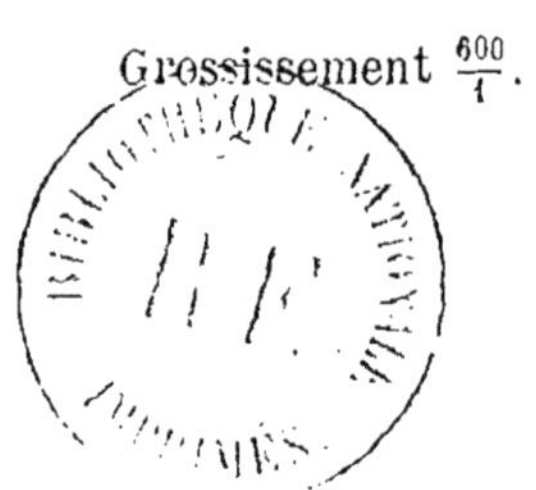

Diatomées d'Auvergne. Pl. I

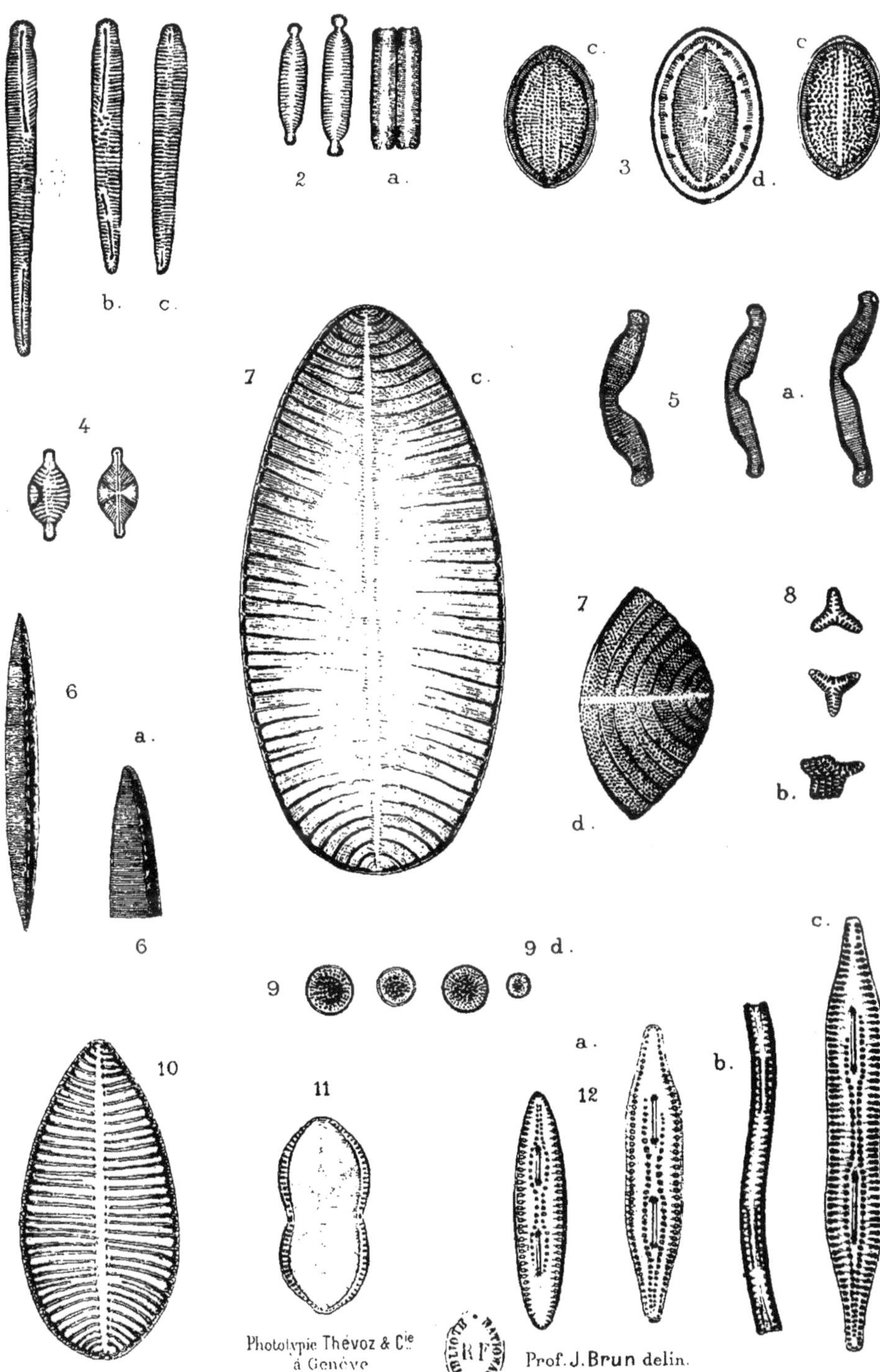

Phototypie Thévoz & Cie à Genève

Prof. J. Brun delin.

PLANCHE II.

—

Fig.

1. *Melosira Borreri* Grév. var. *ignimontana* J. Br. et F. Hérib.
   b, face connective.
2. *Navicula icostauron* Cl. et Grun. var. *conifera* J. Br. et F. Hérib.
3. — *recta* J. Br. et F. Hérib.
4. — *aquitaniæ* J. Br. et F. Hérib., dessiné à $\frac{400}{1}$.
   a, var. *undulata*.
   b, type.
5. — *basaltæproxima* J. Br. et F. Hérib.
   c, var. *bigibba*.
   d, type.
6. *Tetracyclus decoratus* J. Br. et F. Hérib.
   d, face valvaire.
7. *Periptera saxogallica* J. Br. et F. Hérib.
   a, *b*, face connective.
   c, face valvaire.
   d, frustule entier.
8. *Striatella Girodi* F. Hérib. et J. Br.
   c, face connective.
9. *Melosira Heribaudi* J. Brun.
   a, face valvaire.
   b, face connective.

Grossissement $\frac{600}{1}$.

Diatomées d'Auvergne. Pl..

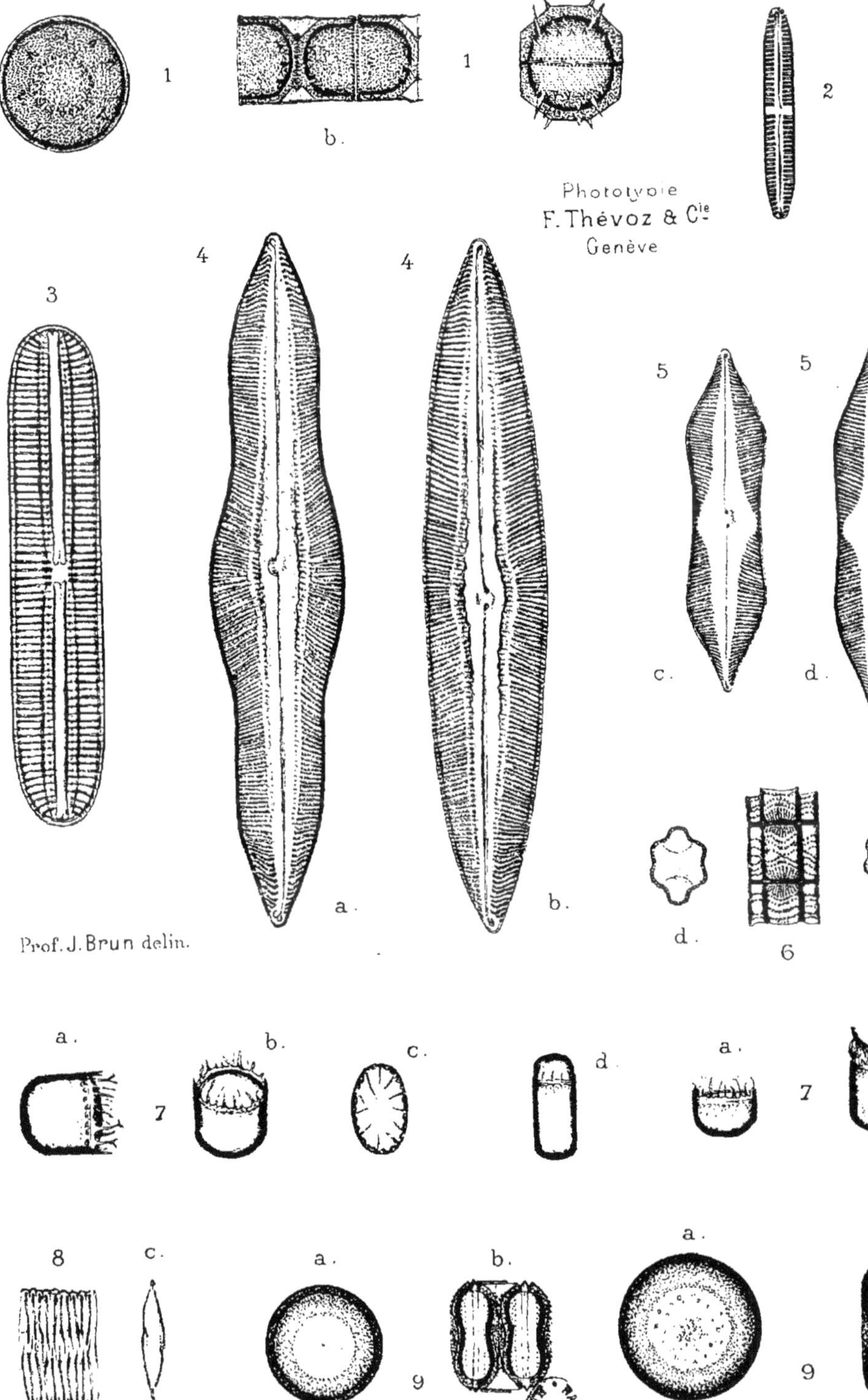

PLANCHE III.

—

Fig.

1 et 2. *Cocconeis intermedia* M. Perag. et F. Hérib.
1, face supérieure. – 2, face inférieure.

3. — *speciosa* Greg. var.?

4 et 5. — *trilineatus* M. Perag. et F. Hérib.
4, valve supérieure. — 5, valve inférieure.

6 et 7. *Gomphonema Mustela* Ehrb. var. *curvata* J. Br. et M. Perag.
6, face connective. – 7, face valvaire.

8. — *subclavatum* Grun. var. *acuminata* M. Perag. et F. Hérib.

9. — *Hebridense* Greg. var.?

10. *Cymbella aspera* Ehrb.

11. — *Pauli* M. Perag. et F. Hérib.

12. — *Cistula* Hempr. var. *fusidium*.

13. *Epithemia Zebra* Ehrb. var. *longissima* (Ehrb.), M. Perag. et F. Hérib.

14. — — var. *longicornis* M. Perag. et F. Hérib.

15. — — var. *undulata* M. Perag. et F. Hérib.

16. — *turgida* Ktz. forma *crassa* M. Perag. et F. Hérib.

17. — *Hyndmanii* W. Sm. var. *curta* M. Perag. et F. Hérib.

18. *Stauroneis amphilepta* Ehrb.

19. — *anceps* Ehrb. var. *hyalina* M. Perag. et F. Hérib.

20. — *acutiuscula* M. Perag. et F. Hérib.

21. — *gallica* M. Perag. et F. Hérib.

22. — *Bruni* M. Perag. et F. Hérib.

23 et 24. *Tetracyclus ellipticus* (Ehrb.) M. Perag.

25. — *Lancea* (Ehrb.) M. Perag.

26. — *compressus* (Ehrb.) M. Perag.

27. — *emarginatus* W. Sm.

Grossissement $\frac{600}{1}$.

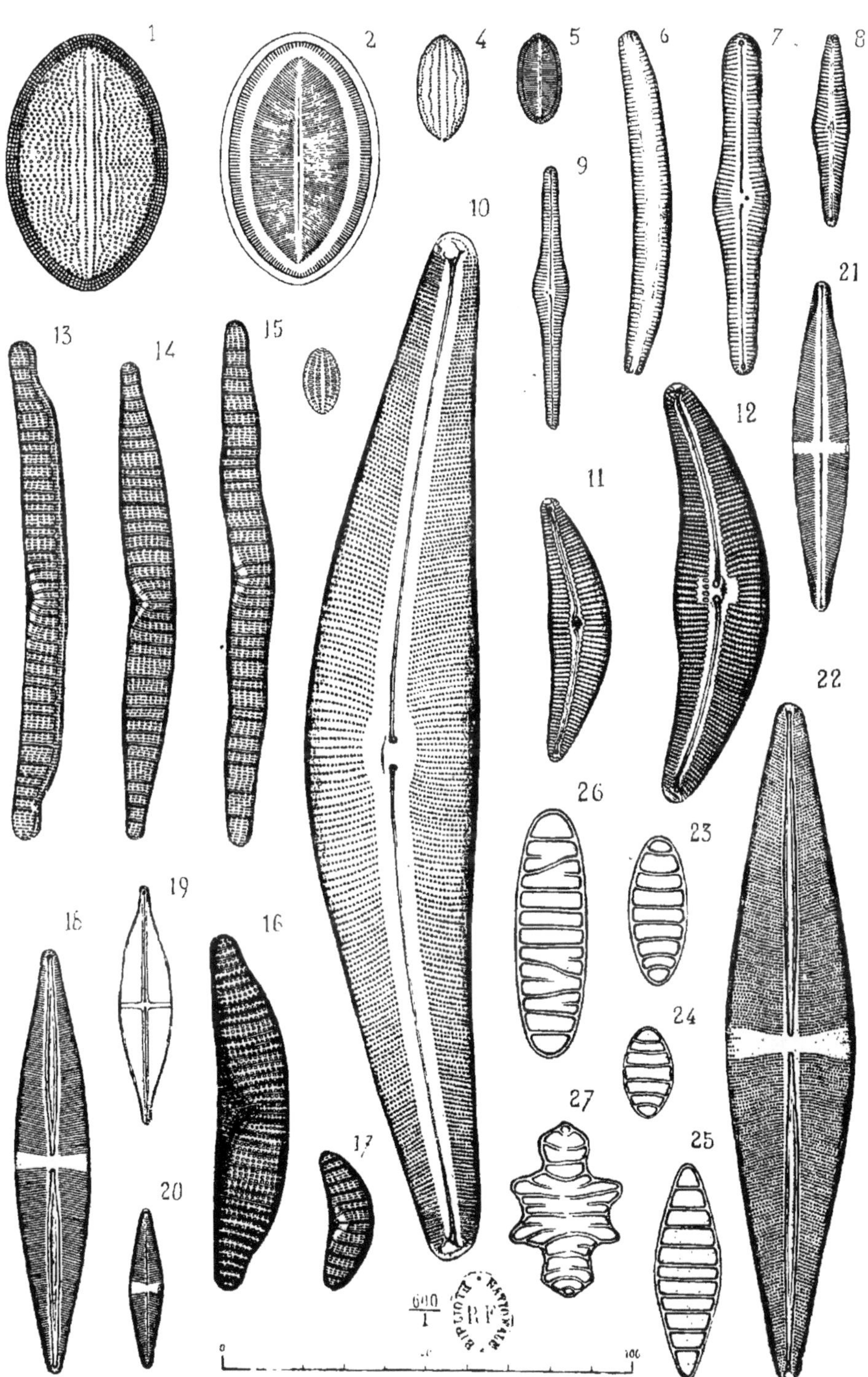
1
2
4
5
6
7
8
9
10
11
12
13
14
15
16
17
18
19
20
21
22
23
24
25
26
27
600/1
0
100

PLANCHE IV.

Fig.

1 *Navicula divergens* W. Sm. var. *prolongata* J. Br et M. Perag.

2\. — — var. *undulata* M. Perag. et F. Hérib.

3\. — *major* Ktz. var. *horrida* M. Perag. et F. Hérib.

4\. — *Esox* Ehrb.

5\. — *lata* Bréb. var. *minor* M. Perag. et F. Hérib.

6\. — *megaloptera* Ehrb.

7\. — *costata* Ehrb.

8\. — *Heribaudi* M. Perag.

9\. — *hybrida* M. Perag. et F. Hérib.

10\. — *hemiptera* Ktz. var. *Bielawskii* F. Hérib. et M. Perag.

11\. — *notata* M. Perag. et F. Hérib.

12\. — *americana* Ehrb. forma *minor* M. Perag. et F. Hérib.

13\. — — var. *bacillaris* M. Perag. et F. Hérib.

14\. — *gibba* Ehrb. var. *hyalina* M. Perag. et F. Hérib.

15\. — *cuspidata* Ktz. forma *craticula*. M. Perag. et F. Hérib.

16\. — — var. *Heribaudi* M. Perag.

17\. — *Creguti* F. Hérib. et M. Perag.

18, — — var. *lanceolata*. M. Perag. et F. Hérib.

19\. — *arverna* M. Perag. et F. Hérib.

20 *Tetracyclus Lamina* (Ehrb.) M. Perag.

Grossissement $\frac{600}{1}$.

Diatomées d'Auvergne. Pl. IV.

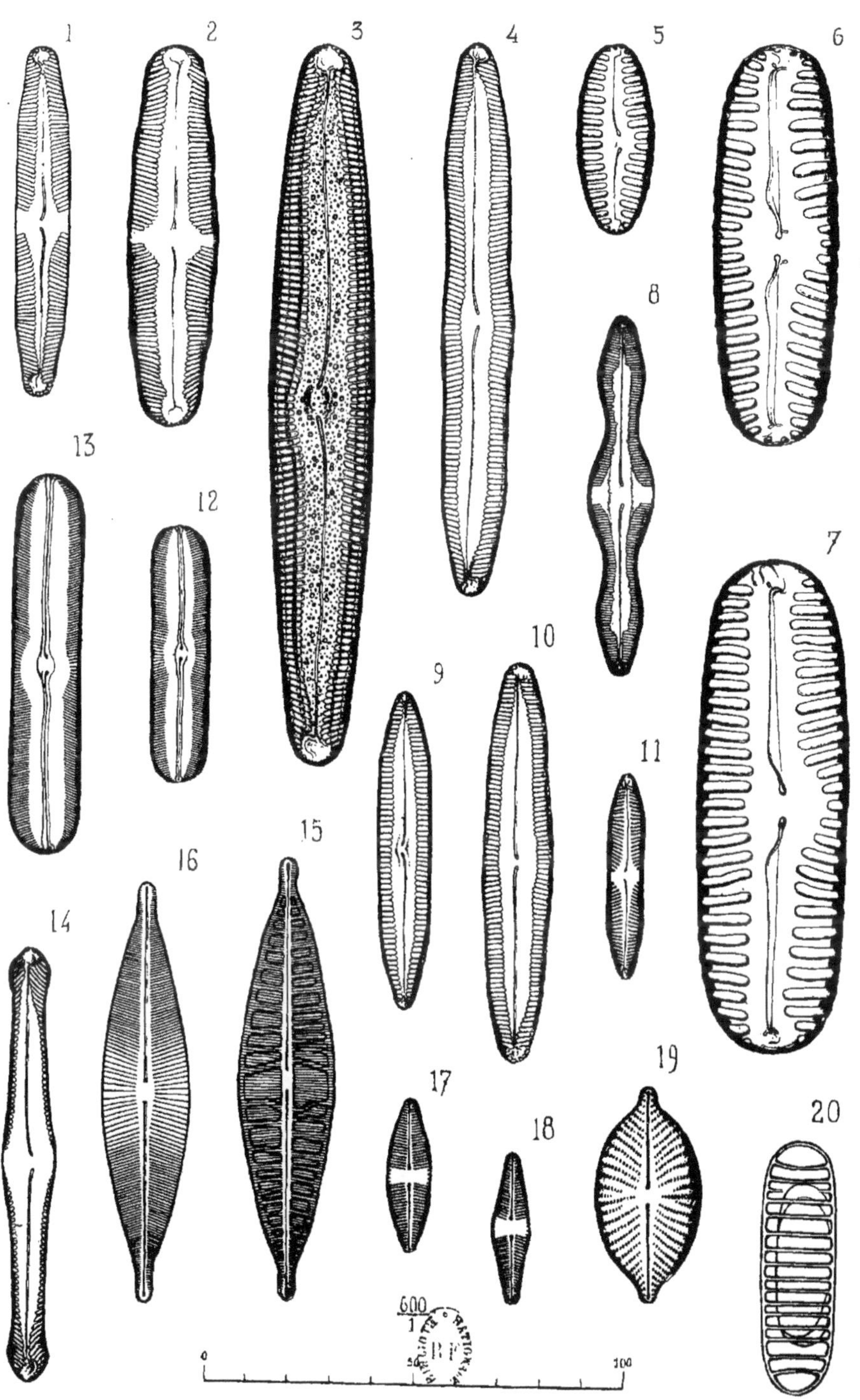

M. Per. del

Phototypie F. Thévoz & Cie, Genève.

PLANCHE V.

Fig.

1 et 2. *Nitzschia vitrea* Norm. var. *gallica* J. Br.
1, face valvaire. — 2, face connective.

3. — *Kittlii* Grun.

4. *Stenopterobia anceps* Lewis.

5. *Eunotia pectinalis* Rab. var. *ventricosa* Grun.

6 et 7. — *Arcus* Ehrb. var. *plicata* J. Br. et F. Hérib.

8, 9 et 10. *Melosira Bruni* M. Perag. et F. Hérib.
8, face connective. — 9 et 10, faces valvaires.

11. — *striata* M. Perag. et F. Hérib.

12, 13 et 14. — *varennarum* M. Perag. et F. Hérib.
12 et 14, faces valvaires. — 13, face connective.

15. — *crenulata* Ehrb. var. *undulata* M. Perag. et F. Hérib.

16. *Cyclotella comta* Ktz. var. *arverna* M. Perag. et J. Br.

17 et 18. *Coscinodiscus pygmæus* J. Br. et M. Perag.

19. — var. *micropunctata* M. Perag. et F. Hérib.

20. — *chambonis* M. Perag. et F. Hérib.

21. — *dispar* M. Perag. et F. Hérib. (valve supérieure).

22. — — valve inférieure, à une autre mise au point.

23 et 24. — var. *radiata*. M. Perag. et F. Hérib.

25. *Heribaudia ternaria* M. Perag.

Grossissement $\frac{600}{1}$.

Diatomées d'Auvergne. Pl. V

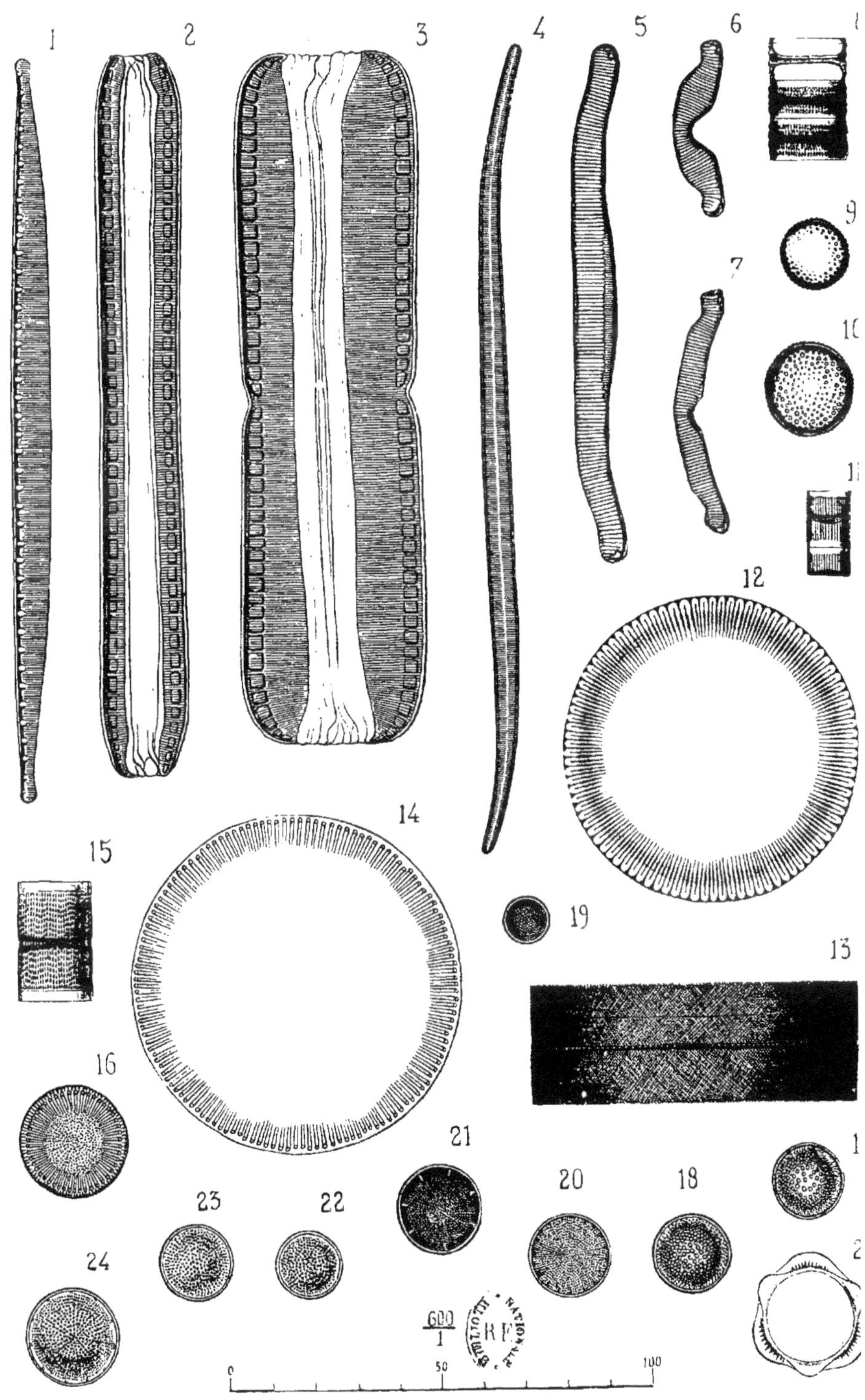

M. Per. del.

PLANCHE VI.

Fig.

1. *Cyclotella Iris* J. Br. et F. Hérib.
2. — var. *ovalis* J. Br. et F. Hérib.
3. — face connective.
4. — var. *cocconeiformis* J. Br. et F. Hérib.
5. *Tetracyclus tripartitus* J. Br. et F. Hérib.
   a, face valvaire. — *b*, face connective.
6. *Synedra Acus* Grun. var. *ventricosa* J. Br. et F. Hérib.
7. *Cymbella conifera* J. Br. et F. Hérib.
8. *Navicula Julieni* F. Hérib. et J. Br.
   c, éclairage oblique montrant la striation.
   d, terminaison dessinée à $\frac{1200}{1}$.
9. — var. elliptico-lancéolée.
10. *Nitzschia ignimontana* J. Br. et F. Hérib.
    a, partie médiane ventrue, dessinée à $\frac{1200}{1}$.
    b, terminaison dessinée à $\frac{1200}{1}$.
11. *Gomphonema cantalicum* F. Hérib. et J. Br.
    a, face valvaire.
    b, terminaison dessinée à $\frac{1800}{1}$.
    c, face connective.
    d, terminaison dessinée à $\frac{1800}{1}$.
12. — forma *major*.
13. — var. *costalonga*, dessinée à $\frac{200}{1}$.
14. *Cymbella Bouleana* F. Hérib. et J. Br.
15. *Melosira canalifera* J. Br. et F. Hérib.
    a, valve vue en dessous.
    b, valve vue en dessus.
    c, face connective.

Grossissement $\frac{600}{1}$.

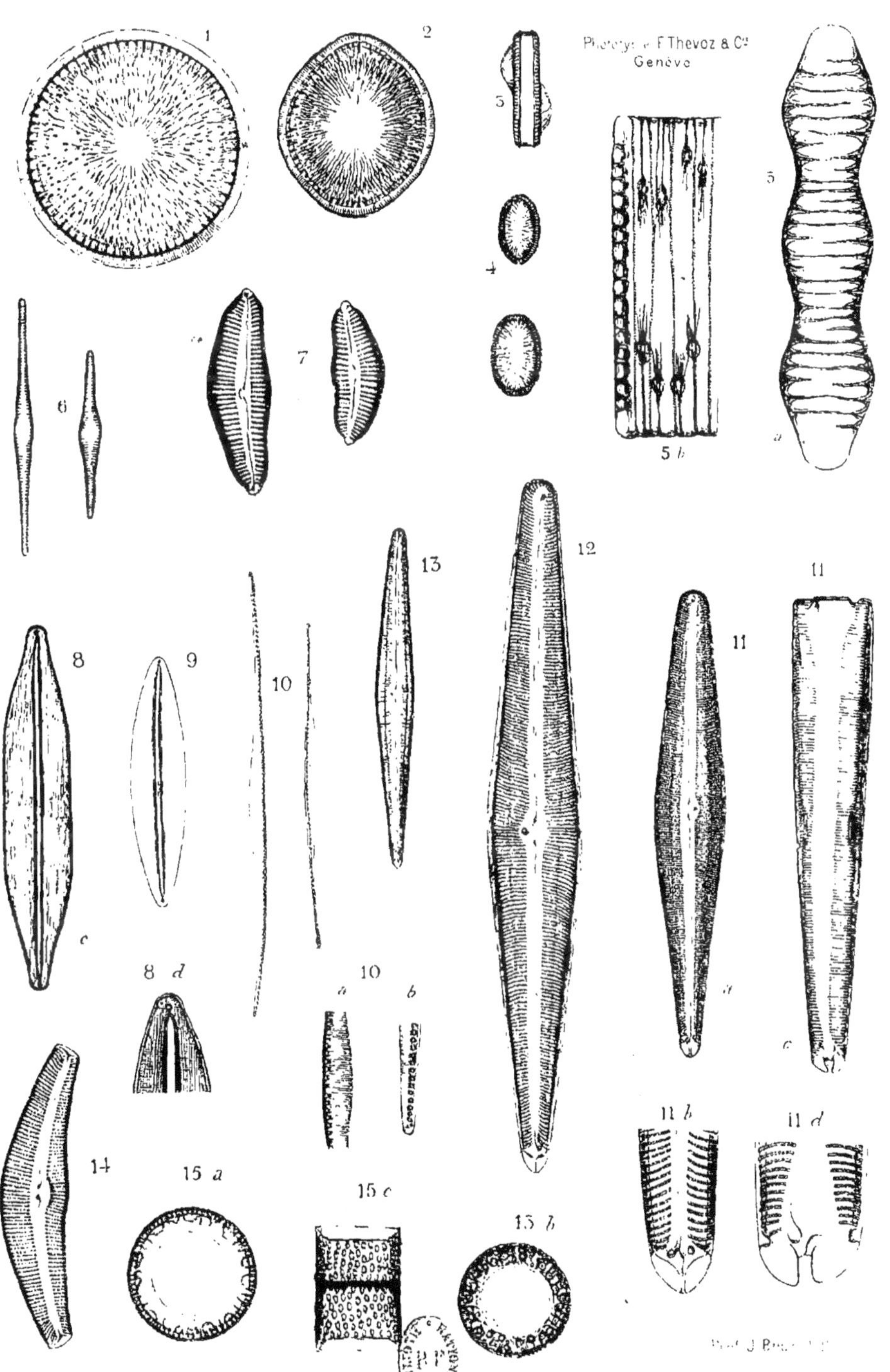
Phototypie F Thevoz & Cie
Genève
1
2
3
4
5
5 b
5 a
6
7
8
8 c
8 d
9
10
10 a
10 b
11
11 a
11 b
11 c
11 d
12
13
14
15 a
15 b
15 c

TABLE ALPHABÉTIQUE

DES GENRES, DES ESPÈCES ET DES SYNONYMES.

Les noms des genres sont imprimés en caractère **égyptien** ; les espèces en « romain » et les synonymes en *italique.*

Clermont-Ferrand, typographie et lithographie G. Mont-Louis, rue Barbançon.

CLERMONT-FERRAND. — TYPOGRAPHIE G. MONT-LOUIS.

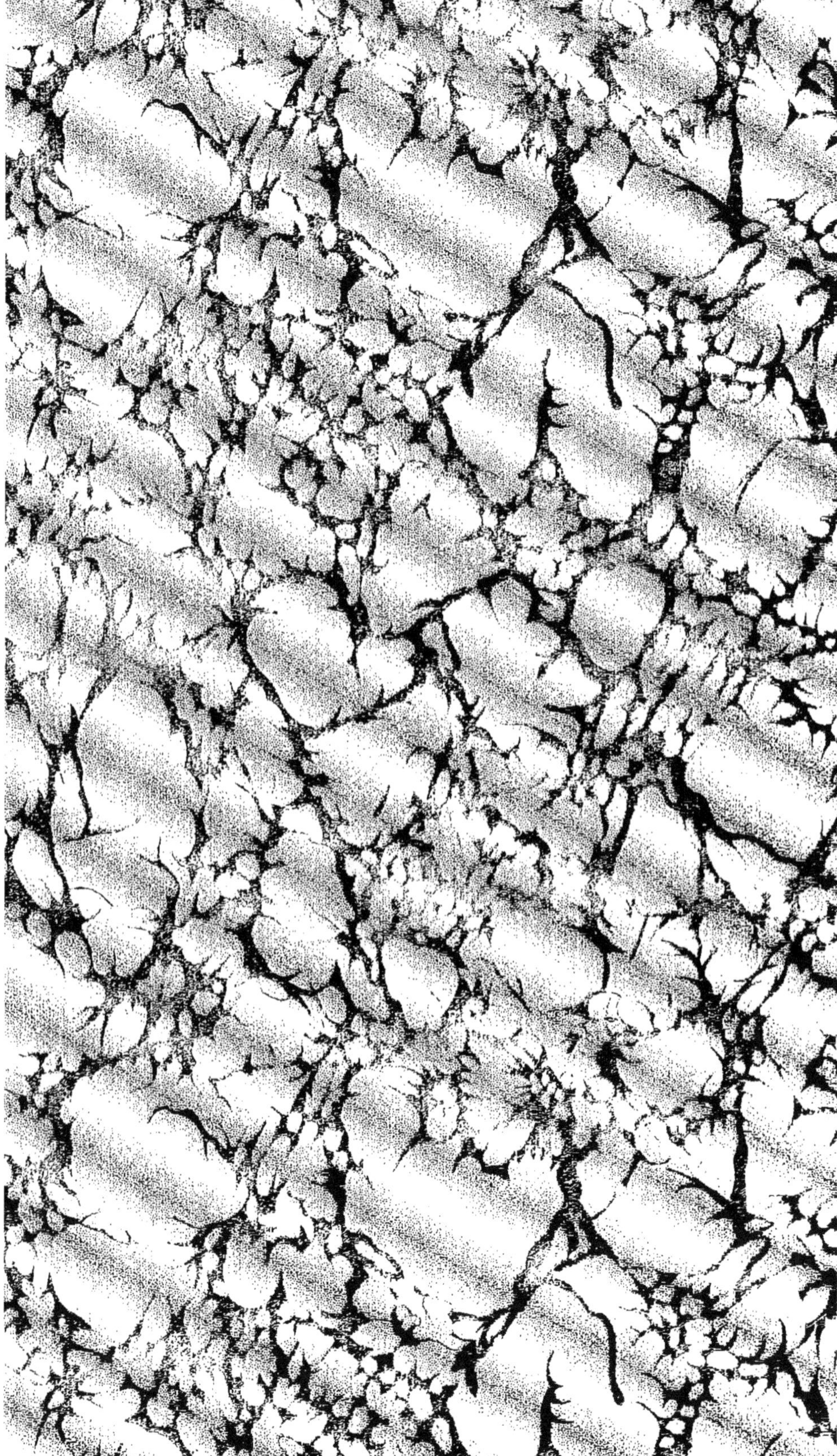

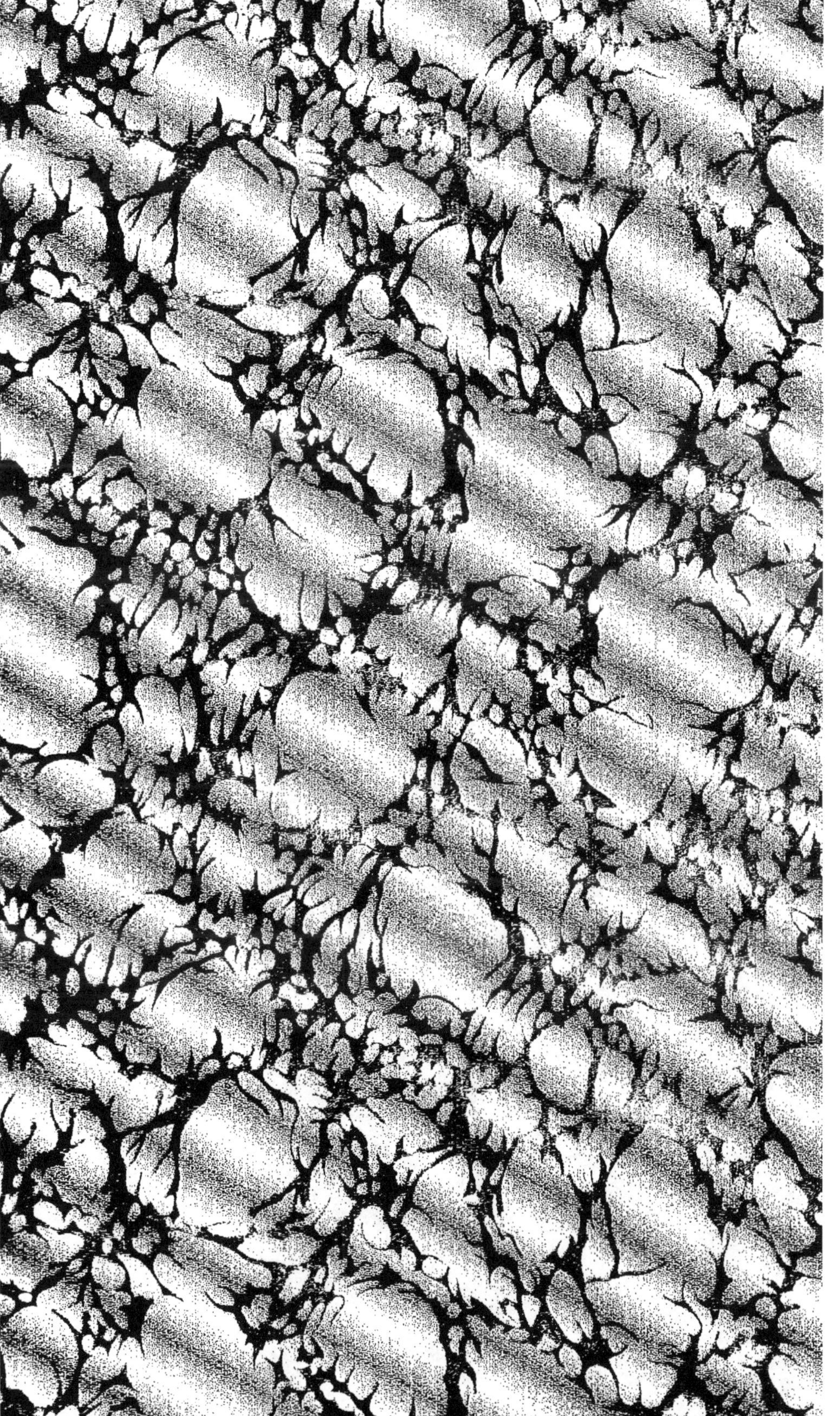

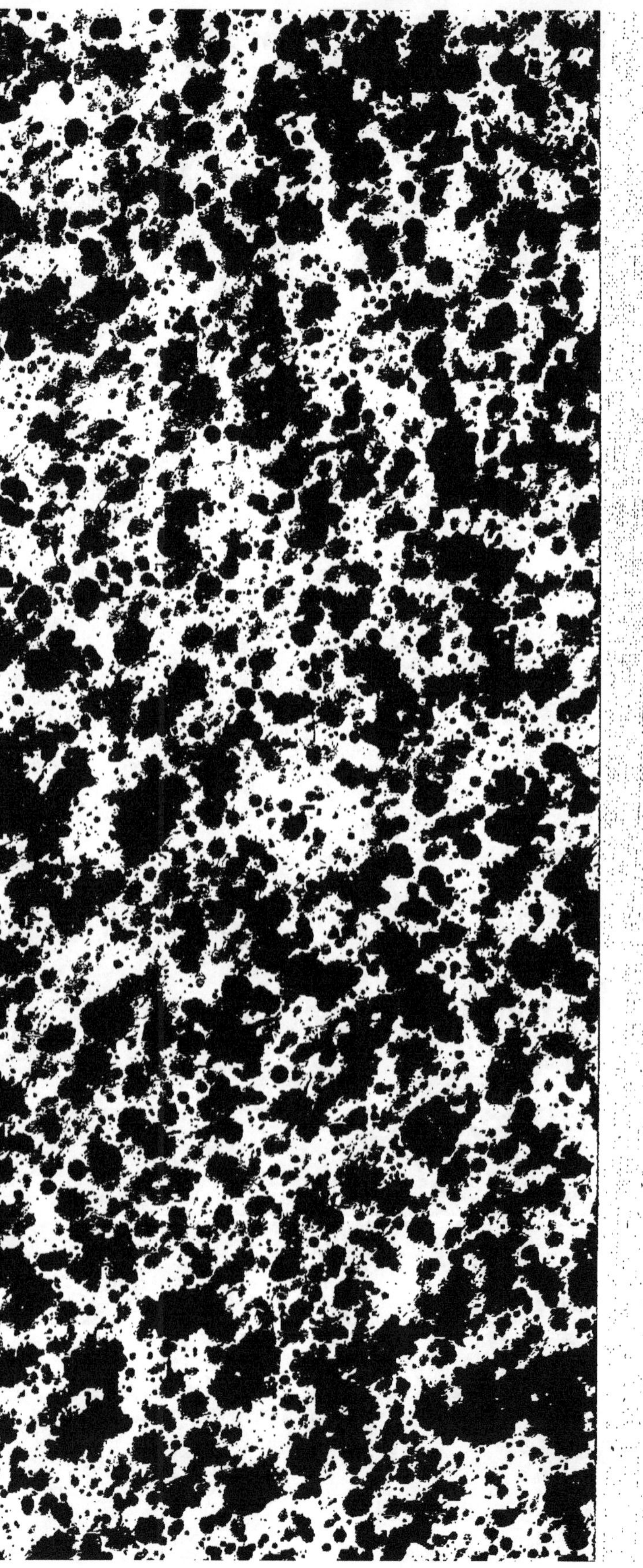

www.ingramcontent.com/pod-product-compliance
Ingram Content Group UK Ltd.
Pitfield, Milton Keynes, MK11 3LW, UK
UKHW020203250726
13967UKWH00003B/1244